非煤矿山建设项目安全设施设计编写提纲(矿山部分)解读

主　编　裴文田

副主编　李　峰　祁保明

应急管理出版社

·北　京·

图书在版编目（CIP）数据

非煤矿山建设项目安全设施设计编写提纲（矿山部分）解读／裴文田主编. -- 北京：应急管理出版社，2024. -- ISBN 978-7-5237-0913-9

Ⅰ．TD7

中国国家版本馆 CIP 数据核字第 20247550XC 号

非煤矿山建设项目安全设施设计编写提纲（矿山部分）解读

主　　编	裴文田	
责任编辑	郭玉娟	
责任校对	赵　盼	
封面设计	王　滨	

出版发行　应急管理出版社（北京市朝阳区芍药居 35 号　100029）
电　　话　010 - 84657898（总编室）　010 - 84657880（读者服务部）
网　　址　www. cciph. com. cn
印　　刷　北京世纪恒宇印刷有限公司
经　　销　全国新华书店

开　　本　710mm×1000mm$^1/_{16}$　印张　17$^1/_4$　字数　219 千字
版　　次　2024 年 12 月第 1 版　2024 年 12 月第 1 次印刷
社内编号　20241185　　　　　定价　85.00 元

前　　言

　　建设项目"三同时"制度是我国安全生产实践中长期坚持的一项制度。在建设项目的设计阶段忽视安全生产要求，对设计、建设和配备应有的安全设施考虑不周，会导致项目建成后存在严重的"先天性"安全隐患。消除这些隐患往往需要付出巨大的代价，有些甚至会造成不可挽回的损失，导致发生重特大生产安全事故。因此，在建设项目的设计施工阶段做好源头防控工作，对防止和减少生产安全事故具有极其重要的意义。我国安全生产法律法规专门规定建设项目安全设施必须坚持"三同时"制度，如《中华人民共和国安全生产法》第三十一条规定"生产经营单位新建、改建、扩建工程项目的安全设施，必须与主体工程同时设计、同时施工、同时投入生产和使用"；《中华人民共和国矿山安全法》第七条也规定"矿山建设工程的安全设施必须和主体工程同时设计、同时施工、同时投入生产和使用"。"三同时"制度的相关规定，为做好非煤矿山建设项目安全设施设计工作提供了根本遵循。

　　非煤矿山作为传统高危行业，一直是安全生产的重中之重。原国家安全生产监督管理总局于2015年印发了《金属非金属矿山建设项目安全设施设计编写提纲》（安监总管一〔2015〕68号），对规范金属非金属地下矿山、露天矿山和尾矿库建设项目安全设施设计编写、预防非煤矿山生产安全事故、保障非煤矿山安全生产发挥了重大作用。随着技术的进步与发展，我国非煤矿山生产技术和工艺取得了长足进步，安全生产形势随之发生了较大的变化，国家对于新形势下的

1

非煤矿山安全监管也提出了新的要求，特别是2023年中共中央办公厅、国务院办公厅印发了《关于进一步加强矿山安全生产工作的意见》，对于严格非煤矿山源头管控、强化非煤矿山安全设施设计质量和水平，提出了一系列新理念、新要求。为适应新形势下非煤矿山安全发展的需要，更好地指导当前和今后一个时期我国非煤矿山安全设施设计高质量编写工作，国家矿山安全监察局组织中国恩菲工程技术有限公司等行业领域有关专家，在原标准的基础上，吸收、采纳近年来我国非煤矿山领域在生产工艺、科学技术、安全监管、法律法规等方面的新成果、新理念、新要求，编制完成了新的《非煤矿山建设项目安全设施设计编写提纲》，并以矿山安全标准形式于2024年4月1日正式发布，2024年4月7日起正式实施。

《非煤矿山建设项目安全设施设计编写提纲（矿山部分）》系列标准包括：《非煤矿山建设项目安全设施设计编写提纲　第1部分：金属非金属地下矿山建设项目安全设施设计编写提纲》（KA/T 20.1—2024）、《非煤矿山建设项目安全设施设计编写提纲　第2部分：金属非金属露天矿山建设项目安全设施设计编写提纲》（KA/T 20.2—2024）和《非煤矿山建设项目安全设施设计编写提纲　第3部分：金属非金属矿山建设项目安全设施重大变更设计编写提纲》（KA/T 20.3—2024）。上述标准重点补充了九个方面的新内容：一是贯彻落实最新法规标准的规定和要求，二是进一步明确对基础资料深度的要求，三是提升基本安全设施的地位，四是明确主要安全风险分析要求，五是增加相应的定量分析，六是增加对智能矿山的建设要求，七是补充安全设施重大变更设计编写提纲，八是明确专用安全设施的位置数量，九是总结多年来矿山安全生产的经验教训，进一步规范了金属非金属地下矿山、露天矿山建设项目安全设施设计编写工作。

为推动上述标准在业界内得到正确理解和实施，本书从条文解释入手，辅之以相关编制要求和内容说明，以帮助非煤矿山企业和设计、建设、监管等相关单位工作人员尽快熟悉和掌握相关内容。

因作者水平有限，书中内容难免有不妥和疏漏之处，敬请广大读者批评指正。

编　者

2024 年 11 月

目　　次

第2篇：金属非金属露天矿山建设项目安全设施设计
编写提纲 ·· 96

第1篇：金属非金属地下矿山建设项目安全设施设计编写提纲

1 范围

本文件规定了金属非金属地下矿山建设项目安全设施设计编写提纲的术语和定义、设计依据、工程概述、本项目安全预评价报告建议采纳及前期开展的科研情况、矿山开采主要安全风险分析、安全设施设计、安全管理和专用安全设施投资、存在的问题和建议、附件与附图。

本文件适用于金属非金属地下矿山建设项目安全设施设计，章节结构应按附录A编制。

【条文说明】

本文件是《金属非金属地下矿山建设项目安全设施设计编写提纲》，因此仅适合地下矿山。如果存在露天和地下联合生产的情况，还应同时符合《金属非金属露天矿山建设项目安全设施设计编写提纲》的要求，并增加一章露天矿山部分的安全设施设计内容。为便于审阅和审查，安全设施设计编写时的章节结构应符合附录A的要求。

2 规范性引用文件

下列文件中的内容通过文中的规范性引用而构成本文件必不可少的条款。其中，注日期的引用文件，仅该日期对应的版本适用于本文件；不注日期的引用文件，其最新版本（包括所有的修改单）适用于本文件。

GB 16423 金属非金属矿山安全规程

【条文说明】

《金属非金属矿山安全规程》（GB 16423）是金属非金属矿山开采领域唯一一部国家强制标准，也是矿山开采安全保障的底线要求，因此本文件将其作为引用文件。

3 术语和定义

下列术语和定义适用于本文件。

3.1

非煤矿山　non‑coal mine

金属非金属地下矿山、金属非金属露天矿山和尾矿库的统称。

3.2

金属非金属露天矿山　metal and nonmetal opencast mines

在地表通过剥离围岩、表土或砾石，采出金属或非金属矿物的采矿场及其附属设施。

3.3

金属非金属地下矿山　metal and nonmetal underground mines

以平硐、斜井、斜坡道、竖井等作为出入口，深入地表以下，采

出金属或非金属矿物的采矿场及其附属设施。

3.4

基本安全设施　basic safety facilities

基本安全设施是依附于主体工程而存在，属于主体工程一部分的安全设施。基本安全设施是矿山安全的基本保证。

3.5

专用安全设施　special safety facilities

专用安全设施是指除基本安全设施以外的，以相对独立于主体工程之外的形式而存在，不具备生产功能，专用于安全保护的安全设施。

【条文说明】

本章主要对本文件经常使用的 5 个术语进行了定义和说明，便于各方面人员对概念统一理解和相互交流。

4　设计依据

4.1　项目依据的批准文件和相关的合法证明文件

建设项目安全设施设计中应列出采矿许可证。

【条文说明】

采矿许可证是矿山建设项目初步设计之前必须取得的合法证明文件，也是建设项目开采设计依据的批准文件和合法证明文件。因此，要求必须列出采矿许可证。此外，采矿许可证与设计的开采方式、生产规模是否一致，井巷工程和开采范围是否均在矿权范围内等，也是安全设施设计审查的重要内容。

此外，还应附本项目的核准或备案证明文件。

4.2 设计依据的安全生产法律、法规、规章和规范性文件

4.2.1 在设计依据中应列出有关安全生产的法律、法规、规章和规范性文件。

【条文说明】

列出设计依据的相关法律、法规、规章和规范性文件，与设计内容和安全无关的不应在此罗列。

4.2.2 国家法律、行政法规、地方性法规、部门规章、地方政府规章、国家和地方规范性文件应分层次列出，并标注其文号及施行日期，每个层次内应按发布时间顺序列出。

【条文说明】

各种法律、法规、规章和规范性文件排列时应根据本条规定分层次、实施日期（实施时间晚的在前，时间早的在后）进行，并标注清楚其相关信息，使其条理清晰，便于查阅和审查。

4.2.3 依据的文件应现行有效。

【条文说明】

设计时还应注意所有的依据文件必须现行有效，已经废止、废除或被替代的文件不得作为设计依据。

4.3 设计采用的主要技术标准

4.3.1 设计中应列出设计采用的技术性标准。

【条文说明】

列出设计依据的技术性规范、标准，与设计内容和安全无关的标

准不应罗列。

4.3.2 国家标准、行业标准和地方标准应分层次列出，标注标准代号；每个层次内应按照标准发布时间顺序排列。

【条文说明】

罗列标准时应根据本条规定分层次和发布时间（实施时间晚的在前，时间早的在后）进行排列，并标注清楚其名称、标准号、发布日期等，使其条理清晰，便于查阅和审查。

4.3.3 采用的标准应现行有效。

【条文说明】

设计时还应注意所有的依据标准必须现行有效，已经废止、废除或被替代的标准不得作为设计依据。

4.4 其他设计依据

4.4.1 其他设计依据中应列出地质勘查资料（包括专项工程和水文地质报告）、安全预评价报告、不采用充填法时的采矿方法专项论证报告、相关的工程地质勘察报告、试验报告、研究成果、安全论证报告及最新安全设施设计及批复等，并应标注报告编制单位和编制时间，尚应在附件中列出报告结论及专家评审意见等内容。

【条文说明】

安全设施设计之前已经完成的相关工作成果，包括各种地质勘查资料、研究报告、试验报告、安全论证报告及最新安全设施设计及批复等均应在此列出。此外，作为设计依据的地质勘查报告和安全预评价报告等也应一并列出。各类报告应标注清楚其编制单位、编制时间和主要结论等，并应按编制的时间顺序列出，时间早的在前，时间晚的在后。列出上述设计依据的主要目的是对项目已经完成的相关工作进行总结梳理，便于对安全设施设计的可靠性和全面性进行把握。

根据《中共中央办公厅　国务院办公厅关于进一步加强矿山安全生产工作的意见》要求"新建、改扩建金属非金属地下矿山原则上采用充填采矿法，不能采用的应严格论证"，因此矿山如果不是采用的充填法，还应有采矿方法的专项论证报告。

工程地质、水文地质或岩土工程勘察报告由具备相应资质的勘察单位完成，采矿方法和生产规模论证报告原则上由设计单位、科研院所或专业高校等完成。采矿方法论证报告、生产规模论证报告、试验报告、研究报告和水文地质报告等可由建设单位组织相关领域专家审查；对于在评审备案的详查报告基础上做进一步勘查的水文地质和工程地质报告，可由原评审机构组织评审，也可由建设单位组织相关领域专家进行审查。

4.4.2 依据的水文地质及工程地质勘查资料应达到勘探程度，排土场工程地质勘察应不低于初步勘察程度。

【条文说明】

根据《国家矿山安全监察局关于印发〈关于加强非煤矿山安全生产工作的指导意见〉的通知》（矿安〔2022〕4号）要求，"金属非金属地下矿山、大中型金属非金属露天矿山、水文地质或者工程地质类型为中等及以上的小型金属非金属露天矿山建设项目安全设施设计，依据的地质资料应达到勘探程度"。对于地下矿山，如果设计依据的地质报告为通过评审备案的详查报告，其水文地质和工程地质通过补充勘查达到了勘探程度也视为满足要求。

5 工程概述

5.1 矿山概况

5.1.1 企业概况应简述建设单位简介、隶属关系、历史沿革等。

【条文说明】

对矿山建设项目的建设单位基本情况（包括隶属关系或出资单位、股权构成情况等）和发展历史进行介绍，主要目的是供审阅人了解项目建设的背景和企业状况。

5.1.2 矿山概况应包括矿区自然概况（包括矿区的气候特征、地形条件、区域经济、地理概况、地震资料、历史最高洪水位等），矿山交通位置（给出交通位置图），周边环境，采矿权位置坐标、面积、开采标高、开采矿种、开采规模、服务年限等。

【条文说明】

对矿山建设项目的基本情况进行概述，说明时应重点突出、内容全面，以便审阅人员对该建设项目所处区域的自然概况、交通情况、周边环境、采矿权设置情况有一个客观、准确的认识。

5.2 矿区地质及开采技术条件

5.2.1 矿区地质

5.2.1.1 设计中应简述区域地质及矿区地质基本特征。

5.2.1.2 描述矿区地层特征和主要构造情况（性质、规模、特征）时，对于影响矿体开采的特征应进行详细说明。

5.2.1.3 简述矿床地质特征时应着重阐明矿床类型、矿体数量、主要矿体规模、形态、产状、埋藏条件、空间分布、矿石性质及围岩。

5.2.1.4 矿区地质部分应说明矿床风化、蚀变特征。

【条文说明】

5.2.1.1~5.2.1.4 条主要以完成的相关地质报告作为依据，对矿山的矿区地质条件按要求进行描述。其主要目的是为后续的安全设施设计提供依据，也是设计的安全设施是否满足要求的重要判据。

5.2.2 水文地质条件

5.2.2.1 矿区水文地质条件简述应包括矿区气候、地形、汇水面积、地表水情况，含（隔）水层，地下水补给、径流及排泄条件，主要构造破碎带、地表水、老窿水等对矿床充水的影响。

5.2.2.2 矿区水文地质条件部分说明应包括下列内容：

——已完成的水文地质工作及其成果或结论；

——采用的涌水量估算方法及矿山正常涌水量和最大涌水量估算结果；

——改、扩建矿山近年来的实际涌水量。

【条文说明】

5.2.2.1、5.2.2.2 条主要以完成的相关地质报告作为依据，对矿区的水文地质条件进行描述。依据的水文地质勘查资料应达到勘探程度。

对于一般矿山，可按照基本要求进行简要说明，并应明确水文地质条件类型。如果有影响开采的岩溶地层，应明确岩溶发育特征和水文地质特征。对于水文地质条件复杂的矿山，应对其水文地质条件进行重点描述，特别是介绍已往开展的专项勘查或研究工作及其主要结论。

5.2.3 工程地质条件

矿区工程地质条件简述应包括工程地质岩组分布、岩性、厚度和物理力学性质，矿区构造特征，岩体风化带性质、结构类型和发育深度，蚀变带性质、结构类型和分布范围，岩体质量和稳固性评价，以及可能产生的工程地质问题及其部位。

【条文说明】

主要以完成的相关地质报告作为依据对矿区的工程地质条件进行描述。依据的工程地质勘查资料应达到勘探程度。

对于一般矿山，可按照基本要求进行简要说明，并应明确工程地质条件类型。对于工程地质条件复杂的矿山，应对其工程地质条件进行重点描述，特别是以往开展的相关专项勘查或研究工作及其主要结论。

5.2.4　环境地质条件

项目的环境地质特征说明应包括地震区划，矿区发生地面塌陷、崩塌、滑坡、泥石流等地质灾害的种类、分布、规模、危险性大小、危害程度，以及其他如自燃、地热、高地应力、放射性等情况。

【条文说明】

主要以完成的相关地质报告作为依据对矿区的环境地质进行描述，并应明确环境地质条件类型。当存在特殊危害因素时，应对特殊危险因素进行详细说明。

5.2.5　矿床资源

矿床资源部分应简述全矿区资源量或储量及设计范围内资源量或储量情况。

【条文说明】

对矿区范围内和设计范围内的资源量或储量进行说明，主要目的是明确资源赋存位置，了解将来开采的重点区域，以便对重点区域的安全设施进行重点关注。此外，通过对矿区范围内和设计范围内的资源量或储量进行对比，可以大致判断设计是否符合一次性整体设计的要求。

5.3 矿山开采现状

5.3.1 矿山开采现状应说明项目性质（新建矿山、改扩建矿山）。

【条文说明】

新建矿山和改扩建矿山面临的风险因素和安全重点差异较大，对项目的性质进行说明，便于在安全设施设计中做到重点突出。

5.3.2 对于改扩建矿山应说明矿山开采现状，已形成的采空区，开采中出现过的主要水文地质、工程地质及环境地质灾害问题。

【条文说明】

对于改扩建矿山而言，矿山水害和岩体失稳相关事故往往与矿山生产状态和历史采空区有关，因此为保证后续生产安全，应对开采现状的生产系统、开采位置、采矿方法、生产规模和历史采空区的处理情况、分布区域、大小形状、稳定性状态以及与改扩建区域之间的关系等进行说明。

以往开采中出现过的主要水文、工程地质及环境地质灾害问题是本矿山今后生产中面临的主要风险，也是需要在设计中重点关注的对象。因此，应对以往的工程及采场稳定性、地压活动、矿坑涌水量、水位降幅、水害以及地表开裂变形、塌陷等信息加以说明，为安全设施设计提供基础资料。

5.4 周边环境

5.4.1 矿区周边环境说明应包括村庄、道路、水体、其他厂矿企业及其他设施等，并应说明是否存在相互影响。

【条文说明】

周边环境是指与本矿山有相互影响的周边区域内的建（构）筑物、道路、水体及其他厂矿企业等。设计中应根据地下开采的影响范围、排土场和地表设施的布置，判断矿山开采对周边设施的影响。如果矿山开采对周边的设施有影响，应概述影响程度和设计采取的安全措施。当周边存在可能相互影响的其他矿权或正在生产的矿山时，应明确表述留设的保安矿柱和采取的安全措施。

5.4.2 矿区周边环境设施涉及搬迁的应完成全部搬迁工作并说明搬迁完成情况。

【条文说明】

当矿山开采对周边设施有安全影响时，或周边设施对矿山开采有安全影响时，应概述相互影响情况和采取的安全措施。如果需要采取搬迁措施消除相互之间的安全影响，则应在安全设施设计完成前完成现场的全部搬迁工作，并在安全设施设计中对搬迁情况进行说明。

5.5 工程设计概况及利旧工程

5.5.1 工程设计概况应简述开采方式、开采范围及一次性总体设计情况、首采中段、生产规模及服务年限、采矿方法、工作制度及劳动定员、开拓和运输系统、充填系统、通风系统（包括空气预热、制冷降温等）、排水排泥系统、压风及供水系统、基建工程和基建期、采矿进度计划（含采矿进度计划表）、矿山供水水源、矿山供配电、矿山通信及信号、地表建筑物（主要与采矿相关的）、矿区总平面布置（包括废石场）、工程总投资、专用安全设施投资等。

工程设计概况说明的主要目的是对项目的主要情况进行简要介绍，便于对安全设施设计的针对性、符合性、全面性进行判断。介绍时要精准扼要，不应大篇幅描述。劳动定员介绍时应包括最大班人数和全天下井的总人数。

5.5.2 当矿山的设计规模超过采矿许可证证载规模时，应说明项目核准或备案文件、设计规模专项论证报告，并应将上述文件作为支撑材料。

《中共中央办公厅　国务院办公厅关于进一步加强矿山安全生产工作的意见》要求"采矿许可证证载规模是拟建设规模，矿山设计单位可在项目可行性研究基础上，充分考虑资源高效利用、安全生产、生态环境保护等因素，在矿山初步设计和安全设施设计中科学论证并确定实际生产建设规模，矿山企业应当严格按照经审查批准的安全设施设计建设、生产"。

对于改扩建矿山或生产中采矿权范围发生变化的矿山，如果矿山的生产能力需要扩大，应对设计规模进行专项论证，以便科学合理地确定生产规模。此外，编制安全设施设计时，应说明与设计规模一致的项目核准或备案文件情况，并应和设计规模专项论证报告一起作为安全设施设计的支撑材料。

对于新建矿山，设计应严格按照采矿证要求，设计规模不应超过采矿证证载规模。

5.5.3 利旧工程应说明基本情况及合规性、利旧后在新生产系统中的主要功能。

对于改扩建矿山，已经形成了完整的开采系统，未来的改扩建工程可能会对部分工程和设施进行利旧。为保证利旧工程的有效性，在设计中应对利旧工程的基本情况进行说明，可包括工程参数、工程内安装的相关设施型号、生产能力和主要功能等。合规性主要是指利旧工程是否符合设计、评审、验收等程序，设计中应附上相关的审批和验收文件证明其合规性。

说明利旧工程在新生产系统中的主要功能，主要目的是判断利旧工程是否能满足未来生产的需要和安全要求，是否需要进行适当的改造，因此需要在设计中予以明确。

5.5.4 对于井巷工程应说明是否均在采矿权范围内。

【条文说明】

《矿产资源开采登记管理办法》（国务院令第 241 号）第三十二条规定：本办法所称矿区范围，是指经登记管理机关依法划定的可供开采矿产资源的范围、井巷工程设施分布范围或者露天剥离范围的立体空间区域。因此，设计中应明确所有井巷工程的分布范围，包括需要利旧的井巷工程也应在采矿权范围内。

5.5.5 设计中应列出主要技术指标，相关内容见表1。

表1 设计主要技术指标表

序号	指 标 名 称	单位	数 量	说明
1	地质			
1.1	全矿区资源量或储量			
	矿石量	万 t		
1.2	本次设计范围内利用的资源量或储量			

表 1（续）

序号	指 标 名 称	单位	数 量	说明
	矿石量	万 t		
1.3	矿岩物理力学性质			
	矿石体重	t/m³		
	岩石体重	t/m³		
	矿岩松散系数			
	矿石抗压强度	MPa		
	岩石抗压强度	MPa		
1.4	矿体赋存条件			
	矿体埋深	m		
	赋存标高	m		
	矿体厚度	m		
	矿体长度	m		
	倾角	(°)		
1.5	地质资料勘探程度			
	水文地质条件类型			
	工程地质条件类型			
	环境地质条件类型			
2	采矿			
2.1	矿山生产规模			
	矿石量	万 t/a		
		t/d		
2.2	矿山基建时间	a		
	基建工程量	万 m³		
2.3	矿山服务年限	a		
	工作制度	d/a		
		班/d		
		h/班		

序号	指标名称	单位	数量		说明
2.4	采矿方法		方法 1（名称）	方法 2（名称）	
	采场结构参数	m			
	所占比例	%			
	回采凿岩设备				
	出矿设备				
	采场生产能力	t/d			
2.5	中段高度	m			
2.6	开拓系统		如：主井＋副井＋辅助斜坡道		
	主要井巷				
	主井		净直径，深度		如是斜井则写明是主斜井
			提升机规格，提升方式，提升容器规格，提升速度，提升能力，电机功率		
	副井		净直径，深度		如是斜井则写明是副斜井
			提升机规格，提升方式，罐笼规格，罐笼层数，提升人数，提升速度，电机功率		
	胶带斜井		净断面尺寸，长度，倾角		
			胶带宽度、强度、速度，胶带机长度、倾角、运输能力，电机功率		

表 1（续）

序号	指标名称	单位	数量	说明
	斜坡道		净断面尺寸，长度，坡度；专用的人员、油料运输车的规格、数量	如矿石或废石是采用卡车运输，则列出卡车规格和数量
	进风井		净直径，深度	
	回风井		净直径，深度	
2.7	中段运输方式		如：有轨运输	
	电机车		如：10 t 电机车，双机牵引	
	矿车		如：4 m³ 底卸式，每列个数	
	运矿列车数	列		
	卡车	辆		
			规格	
	胶带	段		
			规格	
2.8	破碎系统			
	破碎机规格			
	数量	台		
2.9	排水			
	正常排水量	m³/d		
	设计最大排水量	m³/d		
	水泵房		泵站 1	泵站 2	……	
	水泵房位置			标高
	水仓条数	条		
	水仓总容积	m³		
	水泵规格			
	水泵数量			

表1（续）

序号	指标名称	单位	数量	说明
2.10	通风			
	矿山总风量	m^3/s		
	通风方式			
	主通风机台数	台		
	主通风机规格			
2.11	充填系统			
	充填材料			如：全尾砂＋水泥
	充填输送方式			如：自流输送，泵送
	平均日充填量	m^3/d		
2.12	废石场			
	占地面积	hm^2		
	堆积总高度	m		
	总容量	m^3		
	服务年限	a		
3	供电			
3.1	用电设备安装功率	kW		
3.2	用电设备工作功率	kW		
3.3	一级负荷	kW		
3.4	年总用电量	$kW·h/a$		
3.5	单位矿石耗电量	$kW·h/t$		

【条文说明】

用表格的形式列出建设项目的主要技术参数和设备规格，有利于审阅人员快速了解项目主要技术内容和特点。安全设施设计编写时可根据表格的内容和提示，结合矿山的实际情况进行填写，矿山没有的项目可以在表格中删除，例如崩落法矿山没有充填系统，则表格中的充填系统就应删除，这样可以保持表格简洁和一目了然的特点。

表格中列入《执行安全标志管理的矿用产品目录》（矿安

〔2022〕123 号）内的设备，应具有矿安标志。

6 本项目安全预评价报告建议采纳及前期开展的科研情况

6.1 安全预评价报告提出的对策措施与采纳情况

6.1.1 设计中应落实安全预评价报告中根据该项目具体风险特点提出的针对性对策措施。

【条文说明】

建设项目的安全预评价报告根据项目特点和建设方案，对项目建设中的安全情况进行相应的模拟、分析和评价，并根据分析结果提出相应的应对措施，对于预防和控制矿山生产中的安全风险有重要的指导作用。因此，在设计中应落实安全预评价报告中根据该项目具体风险特点提出的风险针对性措施，包括技术措施和管理要求，以确保矿山生产安全。

6.1.2 设计中应简述安全预评价中相关建议的采纳情况，对于未采纳的应说明理由。

【条文说明】

安全预评价编制的依据是可行性研究报告，可行性研究报告中不可能对所有的细节问题面面俱到，因此有的安全预评价对照安全规程的条款和可行性研究报告的描述，提出了许多通行的要求，这些要求是设计、建设和生产需要遵守的基本底线，已经有规程规范作出了规定。因此，对于此类问题，为精简安全设施设计篇幅，无须在安全设施设计中进行回复，设计中仅需回复针对项目独特风险提出的相关建议，例如高寒高海拔、"三下"开采、深井开采、开采技术条件复杂、周边环境复杂等类似风险。回复时应以表格的形式列出采纳情况，如不采纳应说明能保证项目安全的措施和理由。

6.2 本项目前期开展的安全生产方面科研情况

设计中应说明本项目前期开展的与安全生产有关的科研工作及成果，以及有关科研成果在本项目安全设施设计中的应用情况。

【条文说明】

在建设项目前期工作的开展过程中，会存在一些不能依靠经验或其他已有项目做法进行决策的问题，特别是深井矿山、开采技术条件复杂的矿山、"三下"开采矿山等。对于此类矿山需要开展相关的专题研究工作，为设计提供依据，保证项目的建设和生产能够安全、顺利地进行。当开展的专题研究与安全相关时，例如地压防控报告、热害分析报告等，需要在此列出，并简述其主要研究内容及结论。对于纳入设计依据的相关科研成果应在"安全设施设计"章节中对其研究内容和结论进行简要说明，设计应对其研究成果和结论进行评价，并说明设计中的采纳情况，为相应部分的安全设施设计提供依据。

为保证研究成果的客观独立性，承担本项目安全设施设计编制的设计单位不得承担相关重要的科研工作，例如深井开采时的岩爆倾向性分析、地下热害分析、改扩建矿山采空区稳定性分析与治理措施、崩落法矿山地表岩移影响分析等。

7 矿山开采主要安全风险分析

7.1 矿区地质及开采技术条件对矿床开采主要安全风险分析

7.1.1 设计中应分析矿区地质及开采技术条件对矿床开采安全的影响。

【条文说明】

矿区地质对采矿工业场地内相关建（构）筑物的安全有直接影响，设计中应结合地表地形和环境地质对采矿工业场地和通地表的开拓工程出入口面临的主要地质风险进行分析，并简要说明采取的主要安全措施和地表相关设施的安全可靠性。

开采技术条件对于矿山开采设计极其重要，不同的开采技术条件下矿山采用的开采工艺有极大的不同，例如：矿岩破碎，则可能需要选用小空间开挖的采矿方法（进路式充填法）；矿岩稳固性好，则可以选择较大空间开挖的采矿方法（分段空场嗣后充填法、阶段空场嗣后充填法）。因此，在设计之前应该取得可靠的地质和开采技术条件（地质勘查资料），并分析其对矿山开采的安全影响情况，为后续开采系统和工艺的选择提供依据。分析描述时，应重点分析在地质和开采技术条件（地质勘查资料）下进行矿山开采面临的主要风险和主要安全对策措施。

7.1.2 项目存在下列情况时，应详细分析开采技术条件对安全生产的影响：

——工程地质条件复杂、岩体破碎、开采深度大、地压大和有岩爆（倾向）发生的矿床；

——水文地质条件复杂、水害严重、有突发涌水风险的矿床，高硫和有自燃风险的矿床；

——高温、高寒、高海拔矿床及有塌陷区、复杂地形、泥石流威胁的矿床。

【条文说明】

矿山面临特殊的开采技术条件，会对矿山安全开采造成极大的影响，也是将来矿山生产中引发安全事故的主要诱因。因此，为实现矿山安全生产源头可控，在设计中应充分分析这些特殊风险对安全生产的影响，提出设计和今后生产中应关注的主要风险点，并概述设计中采取的主要安全措施，其内容可在"安全设施设计"章节中进行详细说明。

7.2 人员密集区域及特殊条件下的主要安全风险分析

7.2.1 对于采掘工作面、有突水风险区域和主要安全出口等人员密集区域面临的安全风险应进行分析。

【条文说明】

矿山生产应坚持以人为本，重点保证矿山作业人员的安全。矿山开采中的采掘工作面人员集中，且易于发生片帮、冒顶事故；有突水风险区域易于发生突水淹井事故，严重时可能导致众多人员伤亡；主要安全出口人员通行频繁，一旦发生事故直接就会造成人员伤亡。上述区域均是人员相对集中且安全风险相对较大区域，因此需要重点对这些区域进行安全风险分析，并概述设计采取的主要措施。安全分析的主要内容包括地质条件对采掘工作面的影响情况、突水风险区域的分布情况与开采区域的相对关系、主要安全出口所处区域的地质条件及工程稳定性等。

7.2.2 项目存在下列情况时，应重点分析其对安全生产的影响：

——有突水风险；

——露天转地下开采、露天和地下联合开采、相邻多矿区整合开采；

——存在老窿、采空区的矿床。

【条文说明】

有突水风险，露天转地下开采、露天和地下联合开采、相邻多矿区整合开采，以及存在老窿、采空区的矿床，相对其他常规矿山开采面临的风险因素更突出，发生事故的概率也更大。因此，类似的矿山应对其面临的重点风险进行安全分析，并概述设计采取的主要措施。分析的主要内容可包括相关风险因素识别、后续生产区域与风险区域的位置关系及安全影响情况、风险处置计划和开采顺序的关系等。当改扩建项目与已有工程设施之间相互影响时，设计中还应对新老工程之间的安全影响情况进行分析说明，并提出设计和生产中需要关注的重点内容。

7.3 周边环境对矿床开采主要安全风险分析

矿山周边存在开采相互影响的矿山或属于地表水体、建构筑物、铁路（公路）下等"三下开采"矿床，以及存在影响矿山开采或受矿山开采影响的其他设施时，应分析对本矿山安全生产的影响。

【条文说明】

矿山开采既要避免外部设施对自身安全的影响，也不应对外部设施造成安全影响。因此，当矿山开采影响范围内存在提纲中列出的相关设施时，应对其相互影响情况进行安全分析，并概述设计采取的主要措施。主要内容包括相互之间的影响范围、影响程度及主要安全措施等。

7.4　其他

依据设计确定的开采方案，当存在其他生产中应重点关注的问题时应进行论述。

【条文说明】

不同的矿山面临的风险因素均不相同，很难在具体的条文中穷尽，因此对于具有特殊风险的矿山，需要在本节对其特殊风险情况进行分析说明。

8　安全设施设计

8.1　矿床开拓系统及保安矿柱

8.1.1　开拓系统

8.1.1.1　矿床开拓系统简述应包括下列内容：

——从开拓方案、主要井巷位置以及保护措施的确定分析开拓系统的安全可靠性；

——通地表的安全出口、主要中段（分段）安全出口的设置情况，安全出口的形式、井口和井底的标高、平硐的标高等。

【条文说明】

矿山开拓系统设置的合理性对于矿山安全生产至关重要，因此安全设施设计中应对开拓系统的设置情况进行简要的说明。

开拓系统整体安全可靠性分析应从整体系统的布局考虑，主要内容可包括安全出口设置的合理性，发生火灾、水灾、地压冲击、采场冒顶等事故后井下作业人员的安全保证性，以及灾后救援工作的便捷高效性等。

开拓工程安全性主要应从工程本身稳定可靠性方面分析，主要内容可包括井巷工程位置、周边工程地质、水文地质情况，地表地形及稳定性情况（是否有滑坡、泥石流、洪水淹没等自然灾害），生产中受矿体开采影响时是否留设有保安矿柱或其他保护措施等。

为保证井下作业区域的人员安全，还应对矿山通地表的安全出口和主要中段的安全出口情况进行说明，明确主要安全出口、应急安全出口的形式，并对其与安全规程的符合性进行分析。

8.1.1.2　当分期建设时应说明各分期设计范围及各分期的基建内容。

【条文说明】

安全设施设计应根据采矿权的设置情况进行一次性总体设计，但是，有的矿山服务年限较长、矿体向深部延伸较大或前期采用露天后期采用地下开采等，因此一次性建成全部的开拓系统并不合理，需要根据生产进度分期完成开拓系统的建设。对于类似情形，设计可以采用分期开采方案，矿山根据设计情况仅需完成前期的基建工程即可进行安全设施验收和生产，后期工程属于前期的接续工程，需要在矿山投产一定的年限后才开始建设，建成后需再次对后期工程进行验收。为了便于不同分期内安全设施的验收，需要在设计中分别明确各分期的基建范围和基建内容。

应该注意，设计方案为分期实施建设时，应严格控制分期数量，最大不得超过 3 期，每期均应明确设计基建工程和时限，同时还应说明各分期生产与基建的衔接关系。

8.1.1.3　依据现行的规程和标准应说明利旧工程的符合性。

【条文说明】

此处利旧工程包括可利用的工程和设施，这里的符合性主要是指技术上的符合性，设计应根据现行的规章、规程和规范性文件的规定内容，对利旧工程的技术符合性进行说明，如果不符合相关要求还应说明对利旧工程的改造措施。

8.1.1.4 总结概述本节专用安全设施内容时，应列表汇总本节专用安全设施。

【条文说明】

为便于审查，对专用安全设施进行汇总时应采用列表的形式，表中应包括专用安全设施的名称、数量、设置位置等内容。

8.1.2 井巷工程支护

8.1.2.1 井巷工程支护说明应包括主要井巷和大型硐室所处或穿过岩体的工程地质条件、水文条件、可能遇到的特殊情况、主要设计参数和支护方式及其参数。

【条文说明】

主要井巷和大型硐室是矿山运输、生产的主要场所，一旦出现坍塌事故，不但会严重影响矿山的正常生产，还会带来人员伤亡和设备损坏的严重后果，因此在设计中应对工程的所在位置进行合理选择，尽量避开不良地质区域，并应根据所在区域的地质条件和工程空间参数选择合适可靠的支护方式。

8.1.2.2 对特殊地质条件下井巷工程，应详细说明支护方式及参数的选取和确定。

【条文说明】

矿山特殊地质条件通常包括复杂的地质构造、岩体破碎、断裂带、膨胀性岩体、有严重湿陷性的黄土层、严寒地区的冻胀岩体以及涌水量大、可能引起严重腐蚀的地段。这些特殊地质条件对支护和加固方式有不同的要求，如果矿山存在特殊地质条件，设计中应详细说明该区域井巷工程的支护方式和参数。

8.1.2.3 巷道布置在具有自然发火危险矿岩内时，应说明支护材料的选取情况。

【条文说明】

有自然发火倾向的矿岩内应避免布置主要巷道，当无法避免时应采取一定的措施避免火灾发生，如采用预防性灌浆、不可燃的支护材料等。如果矿山存在类似情况，设计中应说明选取的支护材料和采取的主要措施。

8.1.3 保安矿柱

8.1.3.1 留设有保护地表公路、铁路、河流、建筑物、风景区等或露天地下联合开采的矿区保安矿柱时，应说明其保护对象、设置原因和保安矿柱的位置、形式及参数情况等，并应对其安全性进行分析。

【条文说明】

根据矿山项目所处的周边环境和矿体特点，对开采期间需要预留的保安矿柱位置、参数及其目的进行说明，对预留矿柱的可靠性可采用理论计算、数值模拟的方法进行分析，必要时可进行专题研究。

8.1.3.2 当中段开采受开采顺序或采矿方法的影响需设置保安矿柱时，应说明保安矿柱的位置、形式及参数情况等。

【条文说明】

在矿山开采过程中，由于各采场之间的相互影响，有时需要在中段内或中段之间留设保安矿柱。存在类似情况时，需对开采时保安矿柱的设置情况进行说明，并对其安全可靠性进行分析，分析时可采用类比法，也可采用理论计算或数值模拟分析。对于没有类似案例可参考的矿山，设计应采用数值模拟方法分析。

8.1.3.3 安全设施设计中应说明今后是否回收预留的矿柱及其回收时间、采取的安全措施。

【条文说明】

对于预留的各种安全矿柱，设计应明确说明今后是否回收。对于需要回收的矿柱，由于周边矿体回采完毕之后，矿柱的稳定性、应力分布情况和采准工程布置形式等发生了较大变化，回收时的安全性可靠性较差，因此需要对回收方案进行研究，并给出设计方案、回收时间和相应的安全措施，保证矿柱回采安全。

8.1.3.4 有自然发火倾向的区域时应说明防火隔离设施的设置情况。

【条文说明】

有自然发火的采区，如不及时处理可能会对矿山生产造成严重安全事故。防火隔离设施可以将生产采区和火灾易发区域隔绝，保证采场安全，设计中应根据矿石性质、开采顺序和火灾发生潜在风险说明防火隔离设施和其他安全措施的设计情况。

8.2 采矿方法

8.2.1 采矿方法的确定

新建、改扩建金属非金属地下矿山应当采用充填采矿法，不能采用的应进行专项论证，应简述专项论证报告的主要内容和结论。

【条文说明】

《中共中央办公厅　国务院办公厅关于进一步加强矿山安全生产工作的意见》要求"新建、改扩建金属非金属地下矿山原则上采用充填采矿法，不能采用的应严格论证"。如果矿山采用充填法技术难度大，设计采用其他采矿方法时，则应从安全、资源回收和经济效益等多方面进行论证，并编制单独的专项论证报告作为安全设施设计的附件。本节中应简要说明专项论证报告的主要内容和结论。

8.2.2　采场回采

8.2.2.1　采矿方法和矿床开采顺序简述时应分析其安全性。

【条文说明】

不同的矿体赋存条件、地质条件和原岩应力情况，对采矿方法的选择和开采顺序有重大影响。如果选择不合理，会在生产中留下安全隐患，特别在原岩应力较高的条件下，更应该在设计中对采矿方法和开采顺序进行详细分析，使开采过程中采场周边应力集中程度合理，保证生产安全。必要时可开展专项研究工作。

8.2.2.2　对空场类（包括嗣后充填）采矿方法应采用岩石力学计算的方式分析确定采场结构参数，对于新建矿山，缺少岩石力学参数时，可以采用经验法确定参数，并应论证其安全性；其他采矿方法可以采用经验法确定采场结构参数，并应论证其安全性。

【条文说明】

采用空场法开采（包括空场嗣后充填法），在开采过程中会出现一定的采空区，如果设计选用的参数不合适，则回采过程中采空区的稳定性难以保证，出现片帮、冒顶和坍塌的概率较高，这会对生产造成安全风险。当前数值模拟分析的方法已较为成熟，如果输入条件准确，则计算的结果是可以用于指导设计和生产的，因此对于此类的采矿方法建议采用理论计算、数值模拟的方法确定采场结构参数。如果新建矿山前期缺少岩石力学参数或充填体力学参数，则模拟的结果可靠性将大打折扣，无法有效指导设计和开采工作。这种情况下，如果能找到类似的矿山，则可以采用类比法确定或参照其他标准确定。否则，还应进一步获得准确的地质力学资料进行数值模拟分析确定。

当矿山采用崩落法开采时，由于生产期间不会出现采空区，因此无须对采空区的稳定性进行分析，且人员作业主要集中在巷道工程内，安全风险较低。但是，矿山应生产中加强监测，及时采取有效措施（例如强制崩落上覆矿岩、对上部矿岩进行预处理改善其崩落条件、消除拱角加快上覆矿岩崩落等）避免生产中出现过大的采空区，在安全设施设计中应说明遇到采空区过大时的处理方式和措施，并分析其可靠性。

8.2.2.3 采场生产作业活动说明应包括凿岩、装药、爆破（仅含起爆方式、炸药类型和装药方式）、通风和出矿等工艺情况，并应重点说明在生产活动中为保证安全所采取的安全措施。

【条文说明】

在采场生产的各个工艺环节存在着各种危险因素，为杜绝危险事故发生，需要根据具体情况说明生产中应采取的安全措施。需要注意的是对于爆破环节仅说明起爆方式、采用的炸药类型和人工装药或机械装药的方式即可，无须对炮孔参数、装药系数、连线方式等进行说明。

8.2.2.4 设计采用自动化作业采区时，应说明自动化采区的设备类型及数量、采区布置范围、与其他非自动化采区的关系、安全门设置情况以及作业时的安全注意事项等。

【条文说明】

自动化采区不同于传统采区，根据其技术特点和要求，在生产中所有设备应处于一个独立封闭的区域内，不允许工作人员或无法识别的设备进入其工作范围，否则将会影响自动化采区内设备的正常工作，也可能造成安全事故。因此，设计中应说明自动化采区范围及周边关系、采取的封闭措施和人员及其他设备误入后的自动保护措施等。

8.2.2.5 对于采空区应说明处理方法，并应分析采空区及处理之后的安全稳定性。

【条文说明】

采空区是地下矿山开采面临的主要风险因素，如果在设计和生产中处理不当，则会对后续的生产带来极大的安全风险。因此，在设计中应对采空区的处理方式、处理时间进行说明，并对采空区处理后的稳定性进行说明，特别是应说明对开采周边矿体的安全影响。

8.2.2.6 对于矿石、废石溜井，应说明井口的安全车挡（采用无轨设备直接卸矿时）、格筛设置情况。

【条文说明】

地下矿发生人员、设备坠入溜井的安全风险高。此外，生产中如果大块矿石进入溜井造成堵塞后，处理溜井堵塞面临着较大风险，稍有不慎也会出现人员伤亡事故。因此设计中应对溜井口的安全车挡和溜井格筛进行设计，并对其设计的参数进行说明。

8.2.2.7 应说明采场的安全出口设置情况。

【条文说明】

在地下矿山井下发生事故时，矿山设有的安全出口数量、形式和布置位置对井下人员的安全逃生十分重要，《金属非金属矿山安全规程》（GB 16423）对安全出口的规定也十分明确。安全设施设计中应对安全出口的设计情况进行说明，并对其与安全规程的符合性进行说明。

8.2.2.8 总结概述本节专用安全设施内容时，应列表汇总本节专用安全设施。

【条文说明】

为便于审查，对专用安全设施进行汇总时应采用列表的形式，表中应包括专用安全设施的名称、数量、设置位置等内容。

8.3 提升运输系统

8.3.1 竖井提升系统

8.3.1.1 竖井提升系统说明应包括下列内容：

——竖井提升系统功能、类型（箕斗提升、罐笼提升、混合提升）、数量及总体布置；

——竖井提升系统（提升容器、提升机、钢丝绳、罐道、连接装置等）主要参数和主要计算过程；

——提升机制动系统、控制系统及其主要功能，提升系统联锁控制、运行监控保护系统等。

【条文说明】

竖井提升系统承担着地下矿山矿石、废石、人员、大件等重要提升任务。概述说明竖井提升系统所承担的功能，如矿废石、人员、设备、材料提升等；采用提升系统的类型，如箕斗提升、罐笼提升、混合提升；提升系统数量以及总体布置情况，如明井、盲井布置，采用塔式、落地式提升，井口、井底标高以及所服务中段标高等。

对竖井提升系统的主要参数列表汇总说明，包括：提升任务、提升高度、提升方式，提升容器（箕斗、罐笼）规格参数，提升矿废石载重或矿车载量、提升人员数量，提升容器悬挂装置规格、数量、载荷、安全系数，提升系统钢丝绳（缠绕式提升钢丝绳或摩擦式提升首绳、尾绳）型式、数量、规格参数（直径、单重、抗拉强度、破断拉力总和）、安全系数，提升机、电机规格和主要参数，提升速度、加减速度，提升机卷筒、导向轮或天轮的直径、与钢丝绳直径比，提升系统钢丝绳最大静张力和静张力差等。

采用多绳摩擦提升时，应说明摩擦衬垫压力、最大静张力比（S_1/S_2）、钢丝绳静防滑安全系数、动防滑安全系数等；采用单绳缠绕式提升时，应说明钢丝绳仰角、偏角，卷筒上绳槽型式和钢丝绳在卷筒上的缠绕层数等。采用刚性罐道导向时，应说明刚性罐道型式、数量和规格参数等；采用钢丝绳罐道导向时，应说明罐道绳型式、拉紧方式、数量、规格参数（直径、单重、抗拉强度、破断拉力总和）、安全系数、刚性系数等；采用制动钢丝绳时，应说明制动绳型式、数量、规格参数（直径、单重、抗拉强度、破断拉力）、安全系数等；采用防撞钢丝绳时，应说明防撞绳型式、拉紧方式、数量、规格参数（直径、单重、抗拉强度、破断拉力总和）、安全系数等。

对于竖井提升系统，钢丝绳安全系数，静防滑安全系数、动防滑安全系数等主要技术参数应给出计算过程。

提升机制动系统、控制系统对于提升系统的安全至关重要，结合《金属非金属矿山安全规程》（GB 16423）相关要求说明：提升机制动系统设置情况及其主要功能，如自动和手动制动、工作制动和安全制动功能、恒减速或恒力矩安全制动方式等；提升装置机电控制系统设置情况及其主要功能，如双 PLC 控制系统位置和速度冗余保护，实现限速、过速、过卷、过负荷、断电、无压等保护功能；提升系统联锁控制、运行监控保护系统设置情况及其主要功能，包括安全规程所要求的各项控制保护和联锁，如箕斗装载卸载信号、罐笼提升信号与提升机启动闭锁，以及电气相关联锁保护等。应说明提升系统的电气控制和监测监控功能满足安全要求、符合工程需要，着重论述提升制动系统、控制系统、联锁保护的安全可靠性。

罐笼提升系统用于提升人员，关系到人员的生命安全，需要给予重点关注。安全规程的规定是最低要求，安全设施应提供不低于安全规程所要求的安全保障。

8.3.1.2 主要提升系统应实现集中控制、可视化监控。

【条文说明】

提升系统为高度集成机电一体化装备，在矿山领域应用广泛，技术成熟。为推动矿山智能化建设，实现矿山的本质安全，以竖井提升作为主要提升系统的必须采用集中控制、可视化监控。设计中应对主要提升系统的设计情况和可以实现的功能进行说明。

8.3.1.3 主要提升系统宜实现系统运行状态分析、诊断、预警与保护等功能，箕斗提升系统宜实现现场无人值守。

【条文说明】

提升系统为高度集成机电一体化装备，在矿山领域应用广泛，技术成熟。为推动矿山智能化建设，实现矿山的本质安全，鼓励具备条件的矿山对以竖井提升作为主要提升系统的实现系统运行状态分析、诊断、预警与保护等功能，箕斗提升系统宜实现现场无人值守。设计中应对主要提升系统可以实现的功能进行说明。

8.3.1.4 提升容器之间以及提升容器与井壁、罐道梁、井梁之间的最小间隙应结合井筒断面图说明。

【条文说明】

结合竖井井筒断面图并列表汇总说明提升容器之间最小间隙、提升容器最突出部分和井壁、罐道梁、井梁之间的最小间隙，及提升容器的导向槽（器）与罐道之间的间隙，并说明其与安全规程的符合性。采用混合井提升时，说明井筒内是否设置隔离以及隔离设施设置情况。

8.3.1.5 设计应说明竖井提升防过卷设施、罐笼防坠装置设置情况，以及井口和中段安全设施设置与联锁情况。

【条文说明】

说明竖井提升系统井上、井下过卷段的防过卷设施，包括过卷缓冲装置、楔形罐道、过卷挡梁等设置情况；说明竖井单绳提升罐笼防坠器和多绳提升罐笼井上过卷段内罐笼防坠装置设置情况；说明井口和中段安全门、阻车器、推车机、摇台、稳罐装置、锁罐装置等安全设施设置及与提升机联锁情况。

8.3.1.6 对于电梯井应说明功能、配置，电梯规格、载重、速度等主要参数，电梯控制系统设置情况等。

【条文说明】

说明电梯井承担的功能与配置情况，如用于井下提升人员、提升物料、粉矿回收等，电梯井井筒设置梯子间、井底配置等，说明矿用电梯规格、最大载重、运行速度、载人数量等主要参数。说明电梯控制系统功能，重点论述电梯提升的安全可靠性。

8.3.1.7 当分期建设时应说明各分期设计范围及各分期的基建内容。

【条文说明】

当竖井提升系统需要分期建设时，为便于不同分期内安全设施的验收，需要在设计中分别明确各分期的基建范围和基建内容。

8.3.1.8 依据现行的规程和标准，应说明利旧工程的符合性。

【条文说明】

此处利旧工程包括可利用的工程和设施，这里的符合性主要是指技术上的符合性，设计应根据现行的规章、规程和规范性文件的规定内容，对利旧工程的技术符合性进行说明，如果不符合相关要求还应说明对利旧工程的改造措施。

8.3.1.9 总结概述本节专用安全设施内容时，应列表汇总本节专用安全设施。

【条文说明】

为便于审查，对专用安全设施进行汇总时应采用列表的形式，表中应包括专用安全设施的名称、数量、设置位置等内容。

8.3.2 斜井提升系统

8.3.2.1 斜井提升系统说明应包括下列内容：

——斜井提升系统功能、类型（箕斗、台车、矿车、串车、人车提升）、数量及总体布置；

——斜井提升系统（提升容器、提升机、钢丝绳等）主要参数和主要计算过程；

——提升机制动系统、控制系统及其主要功能，提升系统联锁控制、运行监控保护系统等。

【条文说明】

概括说明斜井提升系统所承担的功能，如矿废石提升、人员提升、设备、材料提升等；采用提升系统的类型，如箕斗、台车、矿车、串车、人车提升等；提升系统数量以及总体布置情况，如明井、盲井布置，井口、井底标高以及所服务中段标高等。

对斜井提升系统的主要参数列表汇总说明，包括：提升任务、提升高度、提升长度、提升倾角、提升方式，提升容器（箕斗、台车、矿车、人车）参数，提升物料载重、矿车数量和载量、提升人员数量，提升钢丝绳型式、规格参数（直径、单重、抗拉强度、破断拉力总和）、安全系数，钢丝绳仰角、偏角，卷筒上绳槽型式和钢丝绳在卷筒上的缠绕层数，提升机、电机规格和主要参数，提升速度、加减速度，提升机卷筒、天轮的直径、与钢丝绳直径比，提升系统钢丝绳最大静张力和静张力差等。

对斜井提升系统，钢丝绳安全系数、倾角较小斜井的自然减速度等主要技术参数应给出计算过程。倾角较小的斜井，其制动减速度要小于自然减速度，以避免松绳。

与竖井提升系统一样，提升机制动系统、控制系统对于斜井提升的安全至关重要，结合《金属非金属矿山安全规程》（GB 16423）相关要求说明：提升机制动系统设置情况及其主要功能，如自动和手动制动、工作制动和安全制动的功能等；提升机机电控制系统设置情况及其主要功能，如双 PLC 控制系统位置和速度冗余保护，实现限速、过速、过卷、过负荷、断电、无压等保护功能；提升系统联锁控制、运行监控保护系统设置情况及其主要功能，包括安全规程所要求的各项控制保护和联锁等。说明提升系统的电气控制和监测监控功能是否满足安全要求、符合工程需要，着重论述提升制动系统、控制系统、联锁保护的安全可靠性。

斜井人车提升系统用于提升人员，关系到人的生命安全，需要给予重点关注。安全规程的规定是最低要求，安全设施应提供不低于安全规程所要求的安全保障。

8.3.2.2 主要提升系统应实现集中控制、可视化监控。

【条文说明】

提升系统为高度集成机电一体化装备，在矿山领域应用广泛，技术成熟。为推动矿山智能化建设，实现矿山的本质安全，以斜井提升作为主要提升系统的必须采用集中控制、可视化监控。设计中应对主要提升系统的设计情况和可以实现的功能进行说明。

8.3.2.3　主要提升系统宜实现系统运行状态分析、诊断、预警与保护等功能。

【条文说明】

提升系统为高度集成机电一体化装备，在矿山领域应用广泛，技术成熟。为推动矿山智能化建设，实现矿山的本质安全，鼓励具备条件的矿山对以斜井提升作为主要提升系统的实现系统运行状态分析、诊断、预警与保护等功能。设计中应对主要提升系统可以实现的功能进行说明。

8.3.2.4　提升容器之间以及提升容器与巷道壁、巷道设施之间的最小间隙应结合斜井断面图说明。

【条文说明】

结合斜井断面图说明提升容器之间最小间隙、提升容器最突出部分与巷道壁、斜井内设备设施之间的最小间隙，并说明其与安全规程的符合性。

8.3.2.5　设计应说明斜井内铺轨参数及轨道防滑措施、串车提升防跑车装置的型号数量以及安装位置情况、躲避硐室、安全隔离设施设置情况，以及斜井井口和中段安全设施设置与联锁情况。

【条文说明】

说明斜井内铺轨参数与轨道防滑措施设置情况，斜井串车提升防跑车装置、斜井人车断绳保险器等设置情况。说明井口、中段、斜井内的阻车器、挡车栏、安全隔离设施、躲避硐室等安全设施的设置以及与提升机联锁情况。

8.3.2.6 当分期建设时应说明各分期设计范围及各分期的基建内容。

【条文说明】

当斜井提升系统需要分期建设时，为便于不同分期内安全设施的验收，需要在设计中分别明确各分期的基建范围和基建内容。

8.3.2.7 依据现行的规程和标准应说明利旧工程的符合性。

【条文说明】

此处利旧工程包括可利用的工程和设施，这里的符合性主要是指技术上的符合性，设计应根据现行的规章、规程和规范性文件的规定内容，对利旧工程的技术符合性进行说明，如果不符合相关要求还应说明对利旧工程的改造措施。

8.3.2.8 总结概述本节专用安全设施内容时，应列表汇总本节专用安全设施。

【条文说明】

为便于审查，对专用安全设施进行汇总时应采用列表的形式，表中应包括专用安全设施的名称、数量、设置位置等内容。

8.3.3 带式输送机系统

8.3.3.1 带式输送机系统说明应包括下列内容：

——带式输送机系统功能、类型、数量及总体布置；

——带式输送机的主要参数和主要计算过程，输送带安全系数，驱动方式、拉紧方式及带式输送机启停控制方式等。

【条文说明】

说明带式输送机系统所承担的矿石、废石运输功能，带式输送机是固定式还是移动式，输送带是普通槽形、大倾角还是其他特种结构，以及带式输送机数量和总体布置情况等。

对带式输送机系统主要参数列表汇总说明，包括各带式输送机输送物料、输送能力，头尾标高、水平长度、提升高度、输送倾角，输送带类型、带宽、带强、带速等基本参数。《金属非金属矿山安全规程》（GB 16423）规定，平硐或者斜井内的带式输送机应采用阻燃型输送带。同时，应说明输送带安全系数，主要滚筒直径，驱动方式与驱动装置设置，拉紧方式与拉紧装置设置情况，带式输送机的启停控制方式等。以带式输送机作为主要运输方式的，应给出输送带安全系数等主要技术参数计算过程。

8.3.3.2 设计应说明胶带平巷或斜井断面布置和安全间隙，通风、收尘、排水、消防设置情况。

【条文说明】

结合胶带平巷或斜井巷道断面图说明巷道断面布置情况，说明与《金属非金属矿山安全规程》（GB 16423）的符合性，包括带式输送机与两侧巷道壁之间距离、人行道设置情况等。检修道内设置辅助提升时，说明提升容器与带式输送机最突出部分或者巷道壁之间的最小间隙。检修道和人行道合并时，说明躲避硐室设置情况。说明胶带道内通风、收尘、排水、消防等设施设置情况。

8.3.3.3 设计应说明带式输送机系统机电安全保护装置，带式输送机系统的联锁控制、运行监控保护系统等设置情况。

【条文说明】

对照《金属非金属矿山安全规程》（GB 16423）规定，说明带式输送机系统机械、电气安全保护装置和联锁控制、运行监控保护系统等设置情况，包括：装料点和卸料点设空仓、满仓保护装置，输送带清扫装置以及防大块冲击、防输送带跑偏保护装置，溜槽堵塞保护装置，紧急停车装置和制动装置等，长度超过400 m的带式输送机设置防输送带撕裂、断带保护装置，防止过速、过载、打滑保护装置等，以及线路上的信号、电气联锁控制装置，运行监控保护装置等。对可能发生逆转的上行带式输送机说明防逆转装置设置情况，下行带式输送机说明制动装置和发电工况能量回馈装置设置情况。

安全规程规定安全保护装置设置是最低要求，带式输送机系统应提供不低于安全规程所要求的安全保障。

8.3.3.4 带式输送机主运输系统应实现集中控制、可视化监控。

【条文说明】

带式输送机作为集成机电一体化设备，采用远程集中控制，已在包括矿山的多个行业内广泛应用，技术上已经成熟。因此，基于目前技术现状，为推动矿山智能化建设，减少入井人员数量，实现矿山的本质安全，以带式输送机作为主运输系统的必须采用远程集中控制、可视化监控。设计中应对带式输送机主运输系统的设计情况和可以实现的功能进行说明。

8.3.3.5 带式输送机主运输系统宜实现自动启停控制，系统运行状态分析，各监测参数诊断、预警与保护等，现场无人值守。

【条文说明】

带式输送机作为集成机电一体化设备，已在包括矿山的多个行业内广泛应用。为推动矿山智能化建设，减少入井人员，实现矿山的本质安全，鼓励具备条件的矿山对带式输送机主运输系统实现自动启停控制，系统运行状态分析，各监测参数诊断、预警与保护等，现场无人值守。设计中应对带式输送机主运输系统可以实现的功能进行说明。

8.3.3.6 当分期建设时应说明各分期设计范围及各分期的基建内容。

【条文说明】

当带式输送机系统需要分期建设时，为便于不同分期内安全设施的验收，需要在设计中分别明确各分期的基建范围和基建内容。

8.3.3.7 依据现行的规程和标准应说明利旧工程的符合性。

【条文说明】

此处利旧工程主要指可利用的工程和设施，这里的符合性主要是指技术上的符合性，设计应根据现行的规章、规程和规范性文件的规定内容，对利旧工程的技术符合性进行说明，如果不符合相关要求还应说明对利旧工程的改造措施。

8.3.3.8 总结概述本节专用安全设施内容时，应列表汇总本节专用安全设施。

【条文说明】

为便于审查，对专用安全设施进行汇总时应采用列表的形式，表中应包括专用安全设施的名称、数量、设置位置等内容。

8.3.4 斜坡道与无轨运输系统

8.3.4.1 斜坡道与无轨运输系统说明应包括下列内容：

——斜坡道的位置、功能、线路参数（坡度、断面、转弯半径和缓坡段设置情况），以及主要运行车辆类别规格；

——主要无轨作业中段（分段）的功能、巷道断面、主要运行车辆类别规格、信号设施及调度系统。

【条文说明】

斜坡道是地下矿山无轨车辆的主要运输通道，为保证运输过程中的安全，应说明设计的斜坡道坡度、断面尺寸、主要功能，生产中通行的主要运输设备型号及其外形尺寸，与《金属非金属矿山安全规程》（GB 16423）的符合性等。当斜坡道中设计有通信和调度系统时，也应一并说明。

对于无轨作业中段，设计中应说明中段的主要功能、布置形式、断面尺寸，运行的主要设备的型号、外形尺寸及数量，有人驾驶还是远程控制（远程控制时还应对运行区域的范围、安全封闭设施、人员及其他设备的误入保护措施及控制系统等进行说明）等。对于无轨人员运输车、油料运输车应符合湿式制动要求，并明确具体数量和型号。设计有通信和调度系统时应一并说明。

8.3.4.2 无轨运输系统设置智能交通管控系统时，应说明车辆通信和定位情况、运输系统远程智能调度、车辆运行状态监控和故障应急处理情况。

【条文说明】

国家鼓励矿山实现井下生产的自动化和智能化，减少入井人员，实现矿山的本质安全。当井下无轨运输系统设计了智能交通管控系统时，应对智能管控系统进行简要说明，并重点从安全上分析管控系统的可靠性。

8.3.4.3 当分期建设时应说明各分期设计范围及各分期的基建内容。

【条文说明】

当斜坡道和无轨运输系统需要分期建设时，为便于不同分期内安全设施的验收，需要在设计中分别明确各分期的基建范围和基建内容。

8.3.4.4 依据现行的规程和标准应说明利旧工程的符合性。

【条文说明】

此处利旧工程包括可利用的工程和设施，这里的符合性主要是指技术上的符合性，设计应根据现行的规章、规程和规范性文件的规定内容，对利旧工程的技术符合性进行说明，如果不符合相关要求还应说明对利旧工程的改造措施。

8.3.4.5 总结概述本节专用安全设施内容时，应列表汇总本节专用安全设施。

【条文说明】

为便于审查，对专用安全设施进行汇总时应采用列表的形式，表中应包括专用安全设施的名称、数量、设置位置等内容。

8.3.5 有轨运输系统（含装载和卸载）

8.3.5.1 有轨运输系统说明应包括下列内容：

——有轨运输中段数量、标高、运输任务、列车组成、列车数量，说明运输距离、运行速度、制动距离等主要参数；

——有轨运输设备及其外形参数，装载和卸载设备及其主要参数，装卸载控制方式等；

——有轨运输线路、信号设施及调度控制系统设置情况。

【条文说明】

有轨运输中段是地下矿山有轨车辆的主要通行场所，为保证有轨运输的安全，对矿山井下有轨运输系统（含装载和卸载）总体设置进行说明，包括有轨运输中段数量、服务标高、运输任务、列车组成、运行列车数量等，有轨运输中段装载站和卸载站设置情况。

对有轨运输主要参数列表汇总说明，包括：运输物料、运输距离、运行速度、工作循环时间、同时工作列数、完成任务时间等。以有轨运输作为主要运输方式的，应给出列车安全制动距离的计算过程。

结合有轨运输巷道断面图说明巷道布置情况，说明与《金属非金属矿山安全规程》（GB 16423）的符合性，包括有轨运输设备及其外形参数；运输设备之间、运输设备与巷道壁或巷道内设施之间的最小间隙；装载设备、卸载设备及其主要规格参数，装载和卸载控制方式等。

说明有轨运输线路设置情况，包括敷设轨型、轨距、线路曲线半径、道岔型号，重载运行线路坡度等。说明有轨运输系统信号设施及调度控制系统设置情况，重点论述对有轨运输系统的安全保障。

8.3.5.2　主要有轨运输系统宜实现远程集中控制、机车运输自动调度、无人驾驶。

【条文说明】

为推动矿山智能化建设，减少入井人员，实现矿山的本质安全，鼓励具备条件的矿山对主要有轨运输系统实现远程集中控制、机车运输自动调度、无人驾驶。设计中应对主要有轨运输系统可以实现的功能进行说明。

8.3.5.3 当分期建设时应说明各分期设计范围及各分期的基建内容。

【条文说明】

当有轨运输系统需要分期建设时，为便于不同分期内安全设施的验收，需要在设计中分别明确各分期的基建范围和基建内容。

8.3.5.4 依据现行的规程和标准应说明利旧工程的符合性。

【条文说明】

此处利旧工程包括可利用的工程和设施，这里的符合性主要是指技术上的符合性，设计应根据现行的规章、规程和规范性文件的规定内容，对利旧工程的技术符合性进行说明，如果不符合相关要求还应说明对利旧工程的改造措施。

8.3.5.5 总结概述本节专用安全设施内容时，应列表汇总本节专用安全设施。

【条文说明】

为便于审查，对专用安全设施进行汇总时应采用列表的形式，表中应包括专用安全设施的名称、数量、设置位置等内容。

8.3.6 主溜井及破碎系统（含箕斗装矿）

8.3.6.1 主溜井及破碎系统说明应包括下列内容：

——主溜井、破碎系统，箕斗装矿系统的组成和配置；

——井口大块破碎设备、破碎站给料设备和破碎设备、箕斗装矿设施主要参数；

——主溜井及破碎系统、箕斗装矿、提升和运输系统联锁控制情况。

【条文说明】

对主溜井、破碎系统、箕斗装矿系统的组成和总体配置情况进行说明，包括分布数量、标高、型式等。分别说明井口大块破碎设备、破碎站给料设备和破碎设备设置情况和主要技术参数，给出箕斗装矿设施主要技术参数，包括设备规格参数、设备能力等。说明主溜井、破碎系统、箕斗装矿系统各部分之间的联锁控制情况，包括设备启停顺序、料位检测报警等。

8.3.6.2 主溜井及破碎系统宜实现远程控制、可视化监控。

【条文说明】

为推动矿山智能化建设，减少入井人员，实现矿山的本质安全，鼓励具备条件的矿山对主溜井－破碎系统－箕斗装矿流程实现远程控制、可视化监控。设计中应对主溜井及破碎系统可以实现的功能进行说明。

8.3.6.3 当分期建设时应说明各分期设计范围及各分期的基建内容。

【条文说明】

当主溜井及破碎系统需要分期建设时，为便于不同分期内安全设施的验收，需要在设计中分别明确各分期的基建范围和基建内容。

8.3.6.4 总结概述本节专用安全设施内容时，应列表汇总本节专用安全设施。

【条文说明】

为便于审查，对专用安全设施进行汇总时应采用列表的形式，表中应包括专用安全设施的名称、数量、设置位置等内容。

8.4　井下防治水与排水系统

8.4.1　根据矿区水文地质条件对矿床开采安全的影响程度，应说明相应的矿区防治水措施。

【条文说明】

防治水设施包括矿山的总体防水设施和治水措施，该部分设计是否符合相关规范要求，方案是否正确，是否符合项目的具体条件，对矿山安全至关重要。所以对于水文地质条件复杂的矿山，这部分是矿山井下防治水设计的重点。

矿山防治水设计是矿山整体设计的有机组成部分。有些情况下，矿山开拓方式、采矿方法以及开采顺序等的选择和确定本身就是防治水害措施的一部分。因此，防治水设计应根据矿山的开采方案整体确定防治水措施和时间安排。

水文地质条件复杂类型的矿山，还应进行防治水工程专项设计。

8.4.2　水文地质条件复杂类型矿山应着重说明地下水疏干工程、注浆帷幕堵水工程、关键巷道防水门等设施设计情况。

【条文说明】

水文地质和/或工程地质条件复杂的矿山，具体的地质条件对防治水工程的布置有重要影响。应详细说明此类矿山具体的水文地质、工程地质条件，并对勘察工作及其结论给出评述意见。说明防治水措施与具体地质条件的相互关联和制约关系。如果设计认为水文地质条件或工程地质条件的查明程度仍然存在问题，应针对存在问题提出具体的处理措施。

防治水方案应介绍防治水工程的具体布置，如疏干井、放水孔的个数、位置及其他主要参数取值，防水矿柱、防渗帷幕及截渗墙的具体位置、设计尺寸等。也应说明防治水工程与其他矿山基建工程实施的时序要求，例如，有些矿山需要提前开展疏干工作，而有些防治水工程则必须在矿山生产的一定阶段才能实施。

一般矿山在主要泵房进口设防水门，该类防水门承受较低水压，主要为保障水泵房硐室内设备的安全。水文地质条件复杂时，还应在中段巷道关键位置设置防水门，保护井底重要生产设施的安全。为应对复杂的水文地质条件和开采需要，在其他位置设防水门时，应结合具体的水文地质条件和开采设计，说明其合理性和可靠性。防水门的耐压能力应与其预期的设防水压相适应。

8.4.3 当露天开采转地下开采时，应说明预防露天坑底的洪水突然灌入井下的技术措施。

【条文说明】

露天转地下开采时，由于上部的露天坑已经形成，在生产过程中会成为大气降雨的汇集地，设计中如果不处理好露天坑的汇水问题，未来生产中发生淹井或发生泥石流的风险就会较大。因此，设计中应说明采取的有效措施，例如根据矿山具体情况可选择但不限于以下措施：对露天坑底进行封闭并保留露天坑内的排水系统、考虑露天坑汇水的影响加大井下排水系统能力、在井下关键巷道设置防水门阻止突发涌水、在地表采取相关措施避免井下发生泥石流等，并明确设计采取技术措施的具体要求，包括设置的位置、设备配置、相关参数等。

8.4.4 排水系统说明应包括下列内容：

——矿山正常排水量和设计最大排水量、排水方式（集中排水、分散排水、一段排水、接力排水）、排水系统组成、排水能力；

——水仓、水泵房、防水门设置；

——排水设备、排水管路、排水控制系统设置情况。

【条文说明】

井下排水系统对于矿山安全生产至关重要，在设计中应重点关注。对矿山井下正常排水量和设计最大排水量进行说明，其主要目的是确保设置排水系统的可靠性，保障井下生产安全。说明排水系统所采用的排水方式是集中排水还是分区域分散排水，是一段直排还是分段接力排水，排水系统组成情况、设防排水能力等；说明主排水系统水仓、水泵房、防水门设置情况，以及各水泵房的分布位置及标高；对各个排水泵房内的排水设备台数、流量、扬程，排水管路规格、材质，排水控制系统等设置情况进行说明。

8.4.5 井下主排水系统应实现地表远程集中控制、可视化监控、现场无人值守。

【条文说明】

当前井下主要排水系统采用远程集中控制，实现现场无人值守的技术已经成熟，且已在多个矿山实现应用。因此，基于目前技术现状，为推动矿山智能化建设，减少入井人员数量，实现矿山的本质安全，要求地下矿山的主要排水系统必须采用远程集中控制，现场无人值守。设计中应对主要排水系统的设计情况和可以实现的功能进行说明。

8.4.6 排泥系统应说明排泥方式，排泥泵房设置，排泥设备、排泥管路设置情况。

【条文说明】

井下水仓长时间不清泥，水仓的有效容积会大幅减小，特别是对采用充填法的矿山来说，水中的含泥量更大，需要有可靠的排泥系统及时清理水仓中的淤泥，以保证排水系统的可靠性。重点说明井下采用的排泥方式，排泥泵房或排泥设施的设置情况，采用排泥设备规格、参数和排泥管路规格、材质等。

8.4.7 当分期建设时应说明各分期设计范围及各分期的基建内容。

【条文说明】

当防治水工程和排水系统需要分期建设时，为便于不同分期内安全设施的验收，需要在设计中分别明确各分期的基建范围和基建内容。

8.4.8 依据现行的规程和标准，应说明利旧工程的符合性。

【条文说明】

此处利旧工程包括可利用的工程和设施，这里的符合性主要是指技术上的符合性，设计应根据现行的规章、规程和规范性文件的规定内容，对利旧工程的技术符合性进行说明，如果不符合相关要求还应说明对利旧工程的改造措施。

8.4.9 对于水文地质条件复杂的矿山，应分析井下防排水系统的安全性。

【条文说明】

水文地质条件复杂的矿山，井下发生突水和淹井事故的概率相对较高，对井下防排水系统的可靠性要求更高。因此，需要专门对井下排水系统、排水能力进行安全可靠性分析。主要内容可包括：对设有截排水设施的矿山，应对采区截排水设施的能力和效果进行说明；对设有防水闸门的矿山，应说明防水门设置的情况，例如设置位置、设防水头高度、防水门强度等；对设计确定的最大排水能力进行说明，并说明排水系统的最大排水能力和可靠性。

8.4.10 总结概述本节专用安全设施内容时，应列表汇总本节专用安全设施。

为便于审查，对专用安全设施进行汇总时应采用列表的形式，表中应包括专用安全设施的名称、数量、设置位置等内容。

8.5 通风降温系统

8.5.1 通风系统说明应包括下列内容：

——选用的通风方式；

——矿山需风量计算过程和结果；

——各主要进回风井巷的参数、风量、风速，通风阻力的计算；

——选用的通风机型号、参数及其控制系统；

——主要通风构筑物的设计情况。

【条文说明】

地下矿山生产中，井下易燃材料、无轨设施失火，井下掘进工作面或者采场爆破烟尘都是造成井下人员伤亡的诱因。通风系统是地下矿山重要的生产和安全设施，对于类似事故发生引起的后果具有很好的消减作用。安全设施设计时应对通风系统，井下风量需求，主要井巷和作业点的风速、风量，通风系统阻力（存在通风容易时期和困难时期时，应分别进行说明），主要通风机型号、参数、设置位置、备用电机及快速更换设施情况，主要通风构筑物的形式、参数、数量及设置位置，主通风系统的反风要求等进行说明。

8.5.2 根据项目特点应说明采用的空气预热措施和选择的空气预热设备及其主要参数，并应给出空气预热参数及设备选择的计算过程及结果。

【条文说明】

当矿山所处区域冬季严寒时，设计应说明主要进风井巷入口采取的保温措施情况，此外，还应说明空气预热设施的设置情况，保证进入坑内的空气温度不低于2℃，避免井巷入口和井巷内部出现结冰现象。井巷入口处设有空气预热设施时，还应对热负荷设计计算情况进行详细说明，并说明设计的设施和提供的热负荷能满足冬季进风温度不低于2℃的要求。

8.5.3 根据项目特点应说明采用的制冷降温措施，并应给出制冷系统及主要制冷设备选择计算过程及其参数。

【条文说明】

对于高温和存在热害的矿井，井下温度过高不但会影响井下的工作效率，还会对工作人员的安全健康形成威胁。我国有些矿山在掘进和生产中出现了不同程度的热害，对于井下安全作业提出了新的挑战。对于此类矿山，当仅靠增加通风不能有效降低井下温度，确保作业面的温度降至《金属非金属矿山安全规程》（GB 16423）规定的范围内时，则应专门设计制冷方案，并应设立通风与热害管理机构，配套通风工程师，负责矿山采掘区域通风系统管理、监测数据采集及分析、热害防治等工作。本章节说明的主要内容可包括：设计的制冷方案或采取的相关安全措施，制冷能力的需求计算，制冷设施的参数、数量和设置位置，每年需要的制冷天数、通风与热害管理机构及人员配置等。

8.5.4 通风降温系统实现无人值守远程控制时，应说明风量、风压的自动调节，数据监测、传输和保存，远程集中控制、可视化监控等情况。

【条文说明】

当矿山的通风系统和制冷系统采用远程自动控制时，应对通信及控制系统进行说明。主要内容可包括通风系统主要参数的获取、传输和保存，通风系统的自动调节功能，主要通风机和主要通风构筑物的远程控制情况，通风系统关键位置的视频监控情况等。

8.5.5 当分期建设时应说明各分期设计范围及各分期的基建内容。

【条文说明】

当通风系统需要分期建设时，为便于不同分期内安全设施的验收，需要在设计中分别明确各分期的基建范围和基建内容。

8.5.6 依据现行的规程和标准，应说明利旧工程的符合性。

【条文说明】

此处利旧工程包括可利用的工程和设施，这里的符合性主要是指技术上的符合性，设计应根据现行的规章、规程和规范性文件的规定内容，对利旧工程的技术符合性进行说明，如果不符合相关要求还应说明对利旧工程的改造措施。

8.5.7 总结概述本节专用安全设施内容时，应列表汇总本节专用安全设施。

【条文说明】

为便于审查，对专用安全设施进行汇总时应采用列表的形式，表中应包括专用安全设施的名称、数量、设置位置等内容。

8.6 充填系统

8.6.1 充填系统说明应包括下列内容：

——采矿方法对充填系统的要求，包括充填系统工作制度、充填体强度指标等；

——充填站位置、充填倍线、充填方式，采用的充填材料、料浆制备工艺、料浆配比和充填浓度；

——充填站配置和主要设备参数，充填管路输送系统和坑内充填配套设施设置情况。

【条文说明】

采矿方法和开采顺序的不同对充填工作制度、充填体强度、凝结时间等方面的要求也不尽相同。在设计中应依据前期开展的充填试验或矿山生产经验对充填体参数选取的依据进行说明。当采用空场嗣后充填法开采，且开采周边相邻的矿体需要二次揭露充填体时，应说明充填体的稳定性。

说明充填站的位置及服务区域，各中段的充填料浆输送最大充填倍线；采用的充填材料组成、充填料浆制备工艺，料浆配比、充填浓度等参数；根据充填倍线和充填料浆的输送阻力，确定采用的是自流还是泵送方式。

说明充填站工艺配置和主要设备技术参数，采用泵送时需明确输送泵的台数、流量、压力等，重点应说明充填制备和输送能力满足系统要求；说明充填输送管路规格、材质，坑内充填配套的事故池等设施设置情况。当矿山属于深井开采时，应说明设计采取的减压设施及管道压力的监测设施等；采场充填挡墙的结构及参数，并说明充填料浆邻近挡墙时允许的一次最大料浆充填高度。

8.6.2 当分期建设时应说明各分期设计范围及各分期的基建内容。

【条文说明】

当充填系统需要分期建设时，为便于不同分期内安全设施的验收，需要在设计中分别明确各分期的基建范围和基建内容。

8.6.3 总结概述本节专用安全设施内容时，应列表汇总本节专用安全设施。

【条文说明】

为便于审查，对专用安全设施进行汇总时应采用列表的形式，表中应包括专用安全设施的名称、数量、设置位置等内容。

8.7 露天开采转地下开采及联合开采矿山安全对策措施

8.7.1 露天开采转地下开采时安全对策措施说明应包括下列内容：

——崩落法开采时覆盖层的形成方式及厚度，空场法或充填法开采时的安全顶柱规格；

——防排水系统、通风系统、地下开采（包括井下基建与挂帮矿体开采）与露天开采的相互影响及采取的安全对策措施，及安全可靠性分析。

【条文说明】

露天开采转为地下开采时，一种是采用崩落法，另一种是采用充填法或空场法。这两种转地下的开采方式对露天坑底部设置的保护设施要求不同：对于崩落法而言，露天坑底或部分边帮将会处于下部矿体的崩落范围之内，地下生产中肯定会出现塌陷崩落的情况；下部采用充填法或空场法开采时，采场靠近露天坑底部和边帮开采时，为避免边坡突然大面积垮塌影响井下作业安全，需留设矿柱或人工假顶。因此，下部采用崩落法开采时，应说明上部覆盖层形成的方式及厚度要求；下部采用充填法或空场法时，应说明露天坑底和边帮下部留设的矿柱厚度或人工假顶厚度，设计中应采用数值模拟的方式计算矿柱的厚度。此外，当需要对采用充填法或空场法留设的矿柱进行回收时，还应说明矿柱回收的时间、开采方案和采取的安全措施。

地下开采采用不同的方式，坑内设置的排水系统能力差别较大，设计应根据地下开采采用的采矿方法，对地下开采的涌水量进行预测，并说明排水系统的组成和最大排水能力。露天转地下开采时，如果地下开采区域与露天坑距离较近，地下开采的通风系统设置不当则可能存在严重漏风现象，设计中应对通风系统的可靠性进行说明，确保通风系统的有效性。

如果露天转地下开采存在过渡期（包括井下基建、露天和地下存在同时开采的过渡期），设计应说明井下基建工程与露天采场、露天和地下（包括挂帮矿体）同时开采过渡期间露天采场与井下工程的空间关系，从边坡稳定性、井巷工程稳定性、爆破作业以及防排水等方面分析相互影响，提出相应的安全技术和管理措施。

8.7.2 露天与地下同时开采时，应说明露天与地下各采区的位置关系、开采顺序、爆破作业及采取的安全对策措施，并应分析其安全可靠性。

【条文说明】

露天开采与地下开采同时开采时，相互之间可能会影响较大，如果没有采取可靠的措施，极易发生安全事故。因此，应从上下采区的位置关系、上下采区的开采顺序、爆破作业采取的安全措施、地下开采对露天边坡稳定性影响等方面分别提出可靠的安全技术措施和管理要求，并应对安全措施的可靠性进行论述，明确其可靠性。

8.7.3 总结概述本节专用安全设施内容时，应列表汇总本节专用安全设施。

【条文说明】

为便于审查，对专用安全设施进行汇总时应采用列表的形式，表中应包括专用安全设施的名称、数量、设置位置等内容。

8.8 特殊开采条件下的安全措施

8.8.1 矿山开采面临下列特殊条件时，设计应说明采取的安全对策措施，并应分析其可靠性：

——"三下"开采（地表水体、建构筑物、铁路/公路下）的矿床；

——地质条件复杂、开采深度大、地压大和有岩爆（倾向）发生的矿床；

——水害严重和有突发涌水风险的矿床；

——高硫和有自燃风险的矿床；

——高温、高寒、高海拔矿床及有塌陷区的矿床。

【条文说明】

当矿山开采面临特殊条件时，设计应根据项目的特点，对矿山生产中危害大、风险大的特殊危险因素进行说明，并重点对设计中采取的安全措施和对策进行说明。为确保设计措施的有效性，还应分析相关措施的安全可靠性，分析的手段可采用数值模拟分析法、规程规定的计算法、专题研究报告给出的相关结论以及类似案例的经验等方法。

对于"三下"开采的地下矿山，为避免地下开采对地表设施造成安全影响，应分析地下开采岩移影响范围，分析时应采用数值模拟的方法。此外，还应根据分析结果说明设计采取的安全措施情况，需要在地表实施的安全措施，具体内容可在"总平面布置"章节中进行详细说明。

不涉及"三下"开采的地下矿山，矿山开采对地表沉降的影响分析可在"总平面布置"章节中进行详细说明。

8.8.2 存在老窿、采空区的矿床，安全设施设计应包括下列内容：

——说明矿山已有采空区分布情况及空间形态；

——提出采空区处理方案及其安全措施；

——阐明危险区域对今后开采活动的影响范围、影响程度及其采取的安全措施。

【条文说明】

对于生产矿山，特别是开采历史较长的矿山，老窿和采空区是影响其安全开采的重点风险因素。部分矿山由于开采历史较长，前期管理不规范、技术和管理人员流动频繁等原因，致使关键资料缺失，无法对其存在的采空区和老窿进行安全处理。对于此类矿山，如果通过分析认为已有的老窿和采空区对今后的生产存在安全影响，则应在进行安全设施设计之前，对采空区的分布空间、形态和稳定性进行专门的调查，根据调查结果提出可行的采空区处理方案，并根据今后的开采计划合理安排已有采空区的处理时间和顺序，保证矿山后续的安全生产。如果分析后认为已有采空区不会对今后的生产造成影响，则应说明理由或引述相关研究报告的结论进行佐证。

8.8.3 总结概述本节专用安全设施内容时，应列表汇总本节专用安全设施。

【条文说明】

为便于审查，对专用安全设施进行汇总时应采用列表的形式，表中应包括专用安全设施的名称、数量、设置位置等内容。

8.9 矿山基建进度计划

8.9.1 矿山基建进度计划说明应包括下列内容：

——矿山竖井、斜坡道、斜井、平巷、天（溜）井、硐室等工程掘进速度指标；

——矿山基建期间可承担基建任务的主要开拓工程及其服务范围；

——矿山基建周期，以及基建进度计划图。

【条文说明】

基建进度计划是矿山开展工程建设的主要依据文件，建设过程中应按照设计要求开展矿山的基建工作，不能随意加快施工进度和缩短施工工期。设计应根据矿山实际的工程、水文地质条件，结合当前行业内施工单位的技术水平和采用的施工工艺，合理确定各类工程的基建速度指标。此外，设计还应根据井下工程分布、主要开拓井巷的位置和参数、主要开拓井巷的出渣能力等，合理确定各主要开拓工程承担的基建工程范围。在各类工程基建速度和基建任务划分的基础上，设计还应编制基建进度计划图或表，确定矿山的基建周期。

对于改扩建矿山，本节还应说明基建和生产之间的相互影响情况，以及设计采取的安全措施情况。

8.9.2 当分期建设时应说明各分期的基建工程内容、工程量和工期。

【条文说明】

当矿山开拓系统需要分期建设时，为便于不同分期内安全设施的验收，需要在设计中分别明确各分期的基建范围、基建内容和基建时间安排。

8.9.3 基建进度计划的编制应遵循以下原则：
——优先贯通安全出口和尽快形成主要供电、通风、排水系统；
——竖井、斜井、斜坡道等施工到底后，必须集中在一个中段贯通，形成矿井贯穿通风系统和两个直通地表的出口。

【条文说明】

根据《国家矿山安全监察局关于严格非煤地下矿山建设项目施工安全管理的通知》的要求：设计单位要在建设项目初步设计中科学合理编制基建工程进度计划，明确优先贯通安全出口。竖井、斜井、斜坡道等施工到底后，必须集中在一个中段贯通，形成矿井全负压通风系统和两个直通地表的出口。贯通前，不得在竖井内安装刚性井筒装备。形成全负压通风系统和两个直通地表的出口后，要尽快建设井下主要供电、排水系统，不得在供电、排水系统建成前进行其他中段工程施工。

因此，为保证矿山基建期的安全，设计中应严格按照相关要求合理编制施工进度计划和合理安排井下的基建线路。若设计中为加快基建进度增设了相应的措施工程，也应在设计中进行说明。

8.10 供配电安全设施

8.10.1 当分期建设时应说明各分期供配电安全设施设计范围及各分期的基建内容。

【条文说明】

当矿山供配电系统需要分期建设时，为便于不同分期内安全设施的验收，需要在设计中分别明确各分期的基建范围和基建内容。

8.10.2 电源、用电负荷及供配电系统说明应包括下列内容：

——可向本工程供电的地区变配电站设施及供电电压、可供容量、距离，供电线路截面、长度、回路数、负载能力；

——对有一级负荷的矿山，应说明供电电源是否为双重电源，并应对一级负荷供电进行安全可靠性分析；

——本工程总负荷、采矿负荷及一级负荷计算结果及主要一级负荷的名称；

——矿山主变电所的地理位置、所址防洪设计高度、变电所布置和主接线型式，以及主变压器容量、台数选择等；

——本工程总降压变电所供电系统接线，矿山供配电系统安全可靠性分析，正常及事故情况下的运行方式，一级负荷的供电方式；

——高、低压供配电系统中性点接地方式；

——井下供配电系统的各级配电电压等级。

【条文说明】

（1）矿山外部电源和供电线路的可靠性对矿山安全生产至关重要。供电电压、供电线路截面、长度与供电容量有关。在安全设施设计中应进行相关的说明。

《金属非金属矿山安全规程》（GB 16423）规定：竖井人员提升系统、矿井主要排水系统的负荷应作为一级负荷，由双重电源供电，任一电源的容量应至少满足矿山全部一级负荷电力需求。应采取措施保证两个电源不会同时损坏。

对有一级负荷的矿山，应在安全设施设计中说明外部供电电源是否为双重电源，并对一级负荷供电进行安全可靠性分析。对于具有一级负荷的矿山，当外部电源不能满足双重电源要求时，应设置自备电源，自备电源的容量应能满足一级负荷的需要。确定一级负荷，应按《金属非金属矿山安全规程》（GB 16423）的规定。

审查的重点是地区变配电站可向本工程供电的容量、供电线路回路数、截面是否符合规范要求。对具有一级负荷的矿山，电源是否为双重电源，当外部电源不能满足双重电源要求时，是否设置了自备电源，自备电源的容量和可靠性是否能满足一级负荷的需要。

（2）要求提供总的矿山负荷计算结果（可不附计算过程），目的是对于主变压器容量及台数加以验证。一级最大负荷及计算负荷应单独列出，必要时应将井下采矿与选矿、一期与二期等负荷区分开来；

井下负荷是选择地表向井下供电线路截面的依据之一。

（3）从矿山主变电所的地理位置、所址防洪设计高度、变电所布置和主接线型式，以及根据矿山的总负荷计算结果选择的主变压器容量、台数选择等方面分析矿山供配电系统安全可靠性。说明矿山供配电系统正常及事故情况下的运行方式，对一级负荷及保安负荷的供电方式。矿山总降压变电所位置及主变台数、容量应按相关规定考虑。

审查重点是总降压变电所位置、主变压器容量及台数，设置2台及以上变压器时，如一台停止运行其余变压器容量是否符合规范要求，对一级负荷及保安负荷的供电方式。

（4）高、低压供配电系统中性点接地方式与供电的连续性、接地故障电流有关，系统发生单相接地时产生的故障电压、接触电压与人身安全有关。安全设施设计中应对高、低压供配电系统中性点的接地方式进行说明。

矿山企业各级电压供配电系统的中性点接地方式，应根据矿山企业对供电不间断的要求、单相接地故障电压对人身安全的影响、单相接地电容电流大小、单相接地过电压和对电气设备绝缘水平的要求等条件选择。

审查重点是向井下供电的6 kV或10 kV等系统的中性点接地方式、井下低压配电系统不同接地型式的保护设置是否符合规范要求。

（5）由于矿井井下安装电气设施的空间有限，因此，为满足井下生产安全，各级配电电压应满足相关要求。

审查重点是井下高压配电电压、手持电气设备的电压、天井至回采工作面之间和采掘工作面的照明电压、行灯电压是否符合规范要求。

8.10.3　电气设备、电缆选择校验及保护措施说明应包括下列内容：
　　——短路电流计算结果及供配电装置、主要电力元器件、电力电缆等高压设备的校验结果；

——各用电设备和配电线路的继电保护装置设置情况和保护配置；

——井下直流牵引变电所电气保护设施、直流牵引网络安全措施；

——牵引变电所接地设施；

——地表向井下供电的线路截面、回路数以及电缆型号；

——地表架空线转下井电缆处防雷设施；

——井下高、低压供配电设备类型和地下高、低压电缆类型。

【条文说明】

（1）电气开关的分断能力可在短路时为可靠断开故障回路提供保障，保护受电设备和供电电缆，避免事故范围扩大。审查重点是依据短路电流计算结果校核电气开关器件的设置分断能力。

（2）继电保护装置是保护受电设备、供电电缆以及人身安全的必备设施，设计时应说明其设置。审查重点是井下各用电设备和配电线路继电保护的设置是否符合规范要求。

（3）井下直流牵引变电所电气保护设施、直流牵引网络安全措施应满足《金属非金属矿山安全规程》（GB 16423）的相关规定。审查重点是牵引变电所出线开关型式、直流接地保护、接触线最大弛度时距轨面高度、整流装置、直流配电装置的金属外壳的接地措施是否符合规范要求。

（4）要求说明地表向井下供电的线路截面、回路数以及电缆型号，其主要目的是判断地表向井下供电线路容量及供电的安全、可靠性是否满足井下供电的安全要求。审查重点是由地面引至井下主变电所和其他井下变电所的电力电缆回路数和电缆截面、防止电缆引入雷电过电压的措施、电缆的保护层选择是否符合规范要求。

（5）矿井井下具有潮湿、多尘、空间狭窄等环境特点，深井矿山还伴随高温、高地压现象，电气设备类型、高（低）压电缆类型应符合相关规定，为避免电缆着火发生中毒、窒息伤亡事故，还应满足《金属非金属矿山安全规程》（GB 16423）井下应采用低烟、低卤或无卤的阻燃电缆的规定。审查重点是高、低压电缆类型是否满足《金属非金属矿山安全规程》（GB 16423）的要求。

8.10.4 电气安全保护措施说明应包括下列内容：

  ——保护接地及等电位联接设施、井下低压配电系统故障防护措施，裸带电体基本防护设施；

  ——爆炸危险场所电机车轨道电气的安全措施；

  ——井下照明设施、变配电设施及硐室应急照明设施；

  ——电气硐室的安全措施；

  ——地面建筑物防雷设施。

【条文说明】

（1）保护接地和等电位联接是防止供配电系统发生接地故障时人员受到电击的重要防护措施，应按现行的《金属非金属矿山安全规程》（GB 16423）和规定设计。审查重点是井下故障防护设施、各开采水平的主接地装置和所有局部接地装置、接地干线、总接地网、接地电阻值及等电位联接设施、裸带电体基本防护设施是否符合规范要求。

（2）为防止爆炸危险场所的轨道中电流产生电火花，应严禁利用有爆炸危险场所的轨道作回流导体；采用电引爆的矿山，通向爆破区的轨道，在爆破期间严禁作为回流导体，并应采取在爆破期间内能断开轨道电流的安全措施。审查重点是爆炸危险场所的轨道绝缘措施是否符合规范要求。

（3）矿井井下具有潮湿、多尘、空间狭窄等环境特点，设计中应根据矿山特点和《金属非金属矿山安全规程》（GB 16423）的要求设计照明设施。审查重点是井下有关场所照明的设置、爆破器材库灯具的选择和照明方式是否符合规范要求，规定地点是否设置了应急照明。

（4）为保证井下电气设备可靠运行，应对井下电气硐室包括地下矿山中央变（配）电所硐室及主要机电硐室的建设要求等进行说明，审查重点是砌碹、材料选择、硐室地坪的坡向与坡度、通风是否符合规范要求。

（5）为预防和减少雷击对地面建筑物的损害，建筑物设计时应考虑雨季雷电的影响，并按建筑物防雷类别，采取相应防雷的措施，设置相应的防雷设施。审查重点是高大建筑物的防雷分类及防雷措施是否符合规范要求。

8.10.5 设计应说明提升人员的提升系统、主排水系统的供配电系统情况。

【条文说明】

提升机、排水泵为地下矿重要的生产及安全设施，应确保供电，在供配电系统设计时应进行说明。各级负荷中维持其运行所必需的辅助用电设备亦属同级负荷。

（1）属于一级负荷的提升机应由双重电源供电，两回电源线路均应为分别直接引自变（配）电所不同母线段的专用线路。不属于一级负荷的大中型矿山企业的主要提升机，宜由两回电源线路供电，其中正常工作回路应为专用线路。提升机的控制设备、辅助用电设备的供电电源的要求，应与提升机主回路用电设备供电电源的要求相同。

（2）有一级负荷的井下主变电所、主排水泵房变电所和其他变电所，应由双重电源供电。

审查重点是提升系统、排水系统的供电线路的回路数、截面是否符合规范要求。

8.10.6 智能供配电系统说明应包括下列内容：

——智能供配电监控系统对矿山供配电系统内各级配电电压的设备的监测和控制；

——智能供配电监控系统的层级及网架架构、各层级及网络主要设备；

——智能供配电监控系统的配套软件组成；

——通过应用智能供配电监控系统，在供配电系统中实现智能诊断、智能配电、智能调节的情况。

【条文说明】

智能供配电系统是实现智能矿山的重要系统之一，对矿山安全可靠运行有十分重要的意义。矿山应根据实际供配电系统的建设方案，以保障人身健康和生命财产安全、满足矿山供配电管理的基本需要为原则，合理规划智能供配电系统的建设。

一般来说，矿山供配电系统是电网的用户端系统，本款所说智能供配电系统包括从电源进线到电力变压器，再到用电设备之间，在矿山区域内电能进行传输、分配、控制、保护、电能管理以及服务的所有设备及系统。

矿山建设智能供配电监控系统，对矿山供配电系统内各级配电电压的设备进行监测和控制，实现电能分配、电能计量、无功补偿，各供配电设备信息的自动测量、采集、保护、监控等功能，具有"信息化、自动化、互动化"的智能化特征，是智能矿山系统的一个相对独立部分。

设计中需要对智能供配电监控系统的层级及网架架构、各层级及网络主要设备、智能供配电监控系统的配套软件组成以及通过应用智能供配电监控系统，供配电系统智能诊断、智能配电、智能调节的实现情况进行说明。

8.10.7 总结概述本节专用安全设施内容时，应列表汇总本节专用安全设施。

【条文说明】

为便于审查，对专用安全设施进行汇总时应采用列表的形式，表中应包括专用安全设施的名称、数量、设置位置等内容。

8.11 井下供水和消防设施

8.11.1 井下供水和消防设施说明应包括下列内容：

——井下供水系统的供水水源、供水量、管路敷设情况；

——井下动力油运输及储存方式；

——当井下设有储油硐室时，应说明硐室的位置、布置形式、独立通风道、储油量及配套的安全设施；

——井下消防给水系统、消防水源容量、消火栓间距及水压等；

——井下消防器材的布置情况，包括位置、规格、数量等。

【条文说明】

井下供水系统属于生产系统，但同时具有消防作用，因此设计中应对井下供水系统进行说明。

井下动力油属于易燃物质，在输送和储存过程中均可能发生火灾事故，因此应对动力油的输送和储存方式进行说明，内容包括井下动力油需求量、动力油输送设备和设施、输送过程中采取的安全措施等。

当井下设置储油硐室储存动力油时，应对硐室的设置位置、形式、储油量、消防设施等设置情况进行说明，并应对照《金属非金属矿山安全规程》（GB 16423）说明其符合性。

当消防系统和供水系统合并建设时，应说明消防供水量和生产供水量的关系，并对供水量能否满足消防要求进行说明。当井下消防供水系统和生产供水系统分开建设时，设计应重点说明井下消防供水系统的供水能力、管路规格参数、消防水覆盖范围等。

设计中应根据《金属非金属矿山安全规程》（GB 16423）的要求，对井下重点区域的消火栓、消防器材的位置、数量及规格进行说明，说明时可按不同工作区域进行分项叙述。当井下设计有火灾报警系统时也应对设计情况进行说明。

8.11.2 当分期建设时应说明各分期设计范围及各分期的基建内容。

【条文说明】

当井下供水和消防设施需要分期建设时，为便于不同分期内安全设施的验收，需要在设计中分别明确各分期的基建范围和基建内容。

8.11.3 总结概述本节专用安全设施内容时，应列表汇总本节专用安全设施。

【条文说明】

为便于审查，对专用安全设施进行汇总时应采用列表的形式，表中应包括专用安全设施的名称、数量、设置位置等内容。

8.12　智能矿山及专项安全保障系统

8.12.1　智能矿山

8.12.1.1 鼓励建设智能化矿山，提升矿山本质安全。

【条文说明】

国家鼓励企业建设智能化矿山。智能化矿山的建设，是一个涉及管理和各相关专业的复杂系统，应坚持"总体规划、分步实施、因矿施策、效益优先"的原则。

8.12.1.2 智能矿山的设计情况说明应包括智能矿山的设计原则、范围和内容，智能矿山实施计划和实施效果。

【条文说明】

按智能化目标建设的矿山，应简要说明智能矿山建设实施计划、总体框架、智能矿山平台建设、智能矿山的层级结构，包括管理层、网络（传输）层、执行层等。一般来说，智能化矿山总体框架应由智能矿山综合管控与调度平台（含地质保障、智能调度、设备管控等）、管理与决策（含生产信息管理、经营信息管理、决策支持）、基础网络设施（包括传输网络、数据中心、调度中心、硬件系统、软件系统等）、智能生产工艺与安全监控等业务模块构成。

8.12.1.3 矿山应建设安全管理信息平台，说明应包括下列内容：

——矿山发生灾害时，快速、及时调用各系统的综合信息为安全避险和抢险救护提供决策支持情况；

——项目安全危害因素的事前预警情况。

【条文说明】

矿山应根据生产监控、管理信息系统和通信系统现状及建设需求，建设安全管理信息平台，对矿山必须设置的监测监控系统、井下人员定位系统、通信联络系统（见8.12.2.1款）等纳入该平台。说明矿山发生危险或灾害时，对快速、及时调用各系统的综合信息为安全避险和抢险救护提供决策支持作用，实现井下人员自救、逃生、避灾等整体避险功能；说明项目安全危害因素的事前预警情况，如安全防范和火灾自动报警系统、地压监测系统等对井下综合防灾的作用。

重点说明矿山安全管理信息平台以有效防范化解重大安全风险为

目标，对矿山安全管理、安全生产的作用，如固定设施无人值守及远程监控等的作用，以及井下物料和人员交通运输安全、排土场边坡安全、采矿工业场地安全、安全风险预防控制管理的作用。

8.12.2 矿山专项安全保障系统

8.12.2.1 矿山应建立监测监控、井下人员定位、通信联络、压风自救、供水施救和安全避险系统。

【条文说明】

《中共中央办公厅　国务院办公厅关于进一步加强矿山安全生产工作的意见》要求"地下矿山应当建立人员定位、安全监测监控、通信联络、压风自救和供水施救等系统"。因此，在地下矿山的安全设施设计中应作为重点内容进行设计说明。

8.12.2.2 当分期建设时应说明各分期设计范围及各分期的基建工程内容。

【条文说明】

当井下监测监控、井下人员定位、通信联络、压风自救、供水施救和安全避险系统需要分期建设时，为便于不同分期内安全设施的验收，需要在设计中分别明确各分期的基建范围和基建内容。

8.12.2.3 监测监控系统说明应包括下列内容：

——井下有毒有害气体监测、视频监控及地压监测等系统的设计情况；

——当矿山设有地表变形、塌陷监测系统和坑内应力、应变监测系统时，应说明设计情况；

——总结概述本节专用安全设施内容，并应列表汇总本节专用安全设施。

【条文说明】

《金属非金属地下矿山监测监控系统建设规范》（AQ 2031）要求地下矿山应设监测监控系统，主要内容包括有毒有害气体监测、通风系统监测、视频监控和地压监测等。矿山的监测监控系统可以实时了解矿山生产中的空气环境状况，采场、矿柱及井巷工程面临的地压及应变情况，地表沉降及相关设施的稳定情况等，对于矿山安全生产具有较好的预警和指导作用。因此，设计应根据相关规程规范要求对设计内容进行说明。

《金属非金属矿山安全规程》（GB 16423）第 6.3.1.16 条规定，地下开采的矿山应对地面沉降情况进行监测；第 6.3.3.3 条规定，岩爆危害严重的矿山应建立微震监测设施和危险区域日常监测和预警制度。《国家矿山安全监察局关于印发〈关于加强非煤矿山安全生产工作的指导意见〉的通知》第（五）条第 5 款规定，开采深度 800 米及以上的金属非金属地下矿山，应当建立在线地压监测系统。因此，应按照规程和相关文件要求，对地表变形、塌陷以及坑内地压活动或岩爆灾害监测系统进行设计，并说明监测系统的监测点布置、仪器设备配置要求，如需要在线监测的，还应说明在线地压监测系统的软硬件平台情况。

为便于审查，对专用安全设施进行汇总时应采用列表的形式，表中应包括专用安全设施的名称、数量、设置位置等内容。

8.12.2.4 井下人员定位系统说明应包括下列内容：

——主机和分站（读卡器）的布置、电缆和光缆的敷设、备用电源等；

——总结概述本节专用安全设施内容，并应列表汇总本节专用安全设施。

【条文说明】

《金属非金属地下矿山人员定位系统建设规范》（AQ 2032）、《金属非金属矿山安全规程》（GB 16423）均要求，金属非金属地下矿山应建立完善的人员定位系统。人员定位系统可准确掌握井下人数及人员分布情况，发生安全事故后可在人员定位系统的指导下开展精准救援，提高救援效率和准确性，对于矿山的安全具有有效的保障作用。因此，安全设施设计中应根据相关规程规范规定，对人员定位系统的设计情况进行说明。

为便于审查，对专用安全设施进行汇总时应采用列表的形式，表中应包括专用安全设施的名称、数量、设置位置等内容。

8.12.2.5 通信联络系统说明应包括下列内容：

——通信种类、通信系统的设置、通信设备布置等；

——井下应急广播系统设置情况；

——总结概述本节专用安全设施内容，并应列表汇总本节专用安全设施。

【条文说明】

《金属非金属地下矿山通信联络系统建设规范》（AQ 2036）、《金属非金属矿山安全规程》（GB 16423）均要求，地下矿山应建立通信联络系统。通信联络系统主要为矿山生产提供指挥调度，同时也可在矿山发生突发事件时，及时通知井下作业人员尽快组织抢救、撤离或就近避险等，保证矿山有序地应对各类事故，降低事故等级。井下通信系统包括有线通信系统和无线通信系统，矿山必须建设有线通信系统，也可根据矿山的需求确定是否建立无线通信系统，建议有条件的矿山宜建设无线通信系统作为有线通信系统的补充，增加通信系统的可靠性。安全设施设计中应根据相关规程规范规定，对井下通信系统的设计情况进行说明。

为便于审查，对专用安全设施进行汇总时应采用列表的形式，表

中应包括专用安全设施的名称、数量、设置位置等内容。

8.12.2.6　压风自救系统说明应包括下列内容：

——压风自救需风量计算，空气压缩机安装地点，空气压缩机主要参数和数量，压缩空气管路规格和材质、敷设线路、敷设要求；

——主要生产地点、撤离人员集中地点压风管道上的三通及阀门、减压、消音、过滤装置、控制阀设置情况和压风出口压力；

——紧急避险设施设置的供气阀门及噪声控制措施；

——总结概述本节专用安全设施内容，并应列表汇总本节专用安全设施。

【条文说明】

压风自救系统可在井下发生事故后，向井下受困人员提供新鲜空气，对于等待地表救援和保证井下人员安全具有重要的作用，因此设计中应根据《金属非金属地下矿山压风自救系统建设规范》（KA/T 2034）的要求，对井下压风自救系统的设计情况进行说明。

为便于审查，对专用安全设施进行汇总时应采用列表的形式，表中应包括专用安全设施的名称、数量、设置位置等内容。

8.12.2.7　供水施救系统说明应包括下列内容：

——供水施救需要的水量，管道的规格、材质、敷设线路和敷设要求；

——主要生产地点、撤离人员集中地点附近供水管道的三通及阀门设置情况；

——紧急避险设施内安设的阀门及过滤装置；

——总结概述本节专用安全设施内容，并应列表汇总本节专用安全设施。

【条文说明】

供水施救系统可在井下发生事故后，向井下被困人员提供安全的饮用水，对于等待地表救援和保证井下人员安全具有重要的作用。因此设计中应根据《金属非金属地下矿山供水施救系统建设规范》（KA/T 2035）的要求，对井下供水施救系统的设计情况进行说明。

为便于审查，对专用安全设施进行汇总时应采用列表的形式，表中应包括专用安全设施的名称、数量、设置位置等内容。

8.12.2.8 安全避险系统说明应包括下列内容：

——自救器的配置数量和防护时间、避灾线路的设置情况；

——通过图纸、文字表述清楚的避灾线路；

——总结概述本节专用安全设施内容，并应列表汇总本节专用安全设施。

【条文说明】

井下安全避险系统可在井下发生事故后，为井下受困人员提供避险场所，对于等待地表救援和保证井下人员安全具有重要的作用，因此设计中应根据《金属非金属地下矿山紧急避险系统建设规范》（KA/T 2033）的要求，对井下紧急避险系统的设计情况进行说明。

为便于审查，对专用安全设施进行汇总时应采用列表的形式，表中应包括专用安全设施的名称、数量、设置位置等内容。

8.13 排土场（废石场）

8.13.1 排土场（废石场）部分说明应包括下列内容：

——周边设施与环境条件，排土场选址与勘察、排土场容积、等级、安全防护距离、排土场防洪及对应的安全对策措施；

——排土工艺、服务年限、排岩计划、设备选择等；

——运输道路、台阶高度、总堆置高度、平台宽度、总边坡角等设计参数。

【条文说明】

地下矿山的排土场（废石场）相对露天矿山而言规模较小，但是其场址选择也会影响矿山和周边区域的安全，因此在安全设施设计中也应对排土场的选址情况、周边环境、勘查情况、设计参数进行说明。为避免排土场影响下游居民或其他设施的安全，排土场的安全防护距离应根据下游主要设施、场地、居住区等防护对象、排土场等级、防护工程、采取安全措施等综合确定。在雨季特别是降雨量大的地区，降雨引发的洪水往往会对排土场的稳定性造成较大安全影响，因此，安全设施设计中应对排土场采取的防洪措施进行说明。

对排土场（废石场）的主要排土工艺、设备和主要参数进行说明，主要目的是对排土场进行总体描述，便于对排土场整体情况进行把握，有利于判断相关设计内容的安全符合性。

8.13.2 排土场（废石场）安全稳定性计算分析应考虑不同的堆积状态条件，并应对参数选取、资料的可靠性等方面进行说明。

【条文说明】

排土场（废石场）安全稳定性计算分析是设计中的重要内容，也是排土场设计参数确定的重要依据。排土场区工程地质、水文地质勘查需满足初步勘察要求，设计中应对勘查资料的可靠性进行判断说明。排土场稳定性计算应分别考虑自然、降雨及地下水、地震或爆破震动三种工况，采取极限平衡法与数值模拟计算方法进行综合分析。如果前期开展了专门的排土场稳定性分析研究，可对研究报告的主要内容和结论进行说明和评述，并说明设计中的采用情况。

8.13.3 根据排土工艺和安全稳定性提出的安全对策措施可包括地基处理、截（排）水设施、底部防渗设施、滚石或泥石流拦挡设施、坍塌与沉陷防治措施和边坡监测、照明、道路护栏、挡车设施等。

【条文说明】

在选定的排土场（废石场）进行排弃工作前，若存在不良地质条件，必须进行地基处理，采取的处理措施应在设计中进行说明。由于排土场（废石场）堆放物料的特殊性，防排水及防泥石流工作对于其自身安全也非常重要，发生事故后直接影响其下游区域的安全，设计中应对防止洪水、泥石流、滚石等采取的措施进行说明，例如废石堆表面坡向和坡度应保证排水和废石堆本身的稳定性，堆积废石时必须给洪水留出足够的通道，山沟中的废石场应设置截洪沟保证排洪功能，设置滚石和泥石流拦挡设施，提出坍塌与沉陷防治措施等。为保证废石运输和排土作业过程中的安全，设计中还应对运输和排土作业的安全设施进行说明，如夜间照明、道路拦护、挡车设施等。为便于随时监测排土场的安全状态，设计中应对边坡的监测制度进行说明；当边坡高度超过 150 m 时，还应说明边坡稳定性监测系统的设计情况。

8.13.4 不设排土场（废石场）时，应说明废石去向。

【条文说明】

由于地下矿山产生的废石量相对较少，建议矿山设计时优先考虑综合利用。如果废石可以资源化利用，不需设置排土场（废石场）时，在设计中应对废石的去向进行说明。

8.13.5 当分期建设时应说明各分期设计范围及各分期的基建内容。

【条文说明】

当矿山排土场需要分期建设时，为便于不同分期内安全设施的验收，需要在设计中分别明确各分期的基建范围和基建内容。

8.13.6 总结概述本节专用安全设施内容时，应列表汇总本节专用安全设施。

【条文说明】

为便于审查，对专用安全设施进行汇总时应采用列表的形式，表中应包括专用安全设施的名称、数量、设置位置等内容。

8.14 总平面布置

8.14.1 矿床开采地表影响范围

8.14.1.1 采用地下开采的矿山，应分析确定开采对地表的影响范围，并应说明是否影响地表设施；若影响地表设施，应说明采取的相关安全措施。

【条文说明】

采用地下开采方式时，除一些埋藏较深的薄矿脉之外，无论采用何种采矿方法，一般情况下均会对地表造成一定的影响。因此，为避免地下开采对地表设施造成安全影响，应在安全设施设计中分析地下开采对地表的影响，分析时宜采用数值模拟的方法，当改扩建矿山有相关的监测数据或有类似矿山时也可通过经验或类比法确定。如果根据分析结果和相关规程规定，地表移动影响范围内存在居民、道路、河流及其他重要设施时，设计中应采取搬迁、改道或留设矿柱等安全措施，保证矿山生产不会对地表的设施造成安全影响，也避免地表河流及水系对井下生产造成安全影响。

涉及"三下"开采的矿山，本节中仅需要把前面"特殊开采条件下的安全措施"章节中分析的移动线或监测线结果在这里说明即可。此外，还应重点说明需要在地表采取的安全措施情况。

8.14.1.2 当分期建设时应说明各分期设计范围及各分期的基建

内容。

【条文说明】

当矿山地表影响范围的设施分期建设时，为便于不同分期内安全设施的验收，需要在设计中分别明确各分期的基建范围和基建内容。

8.14.1.3 总结概述本节专用安全设施内容时，应列表汇总本节专用安全设施。

【条文说明】

为便于审查，对专用安全设施进行汇总时应采用列表的形式，表中应包括专用安全设施的名称、数量、设置位置等内容。

8.14.2 井口及工业场地

8.14.2.1 井口及工业场地的安全性应根据矿区地形地貌、自然条件、周边环境、地质灾害影响、厂址选址、地表水系、当地历史最高洪水位等方面进行分析；当地表设施受到相关潜在威胁时，应说明为消除这种威胁设计采取的有效措施。

【条文说明】

矿山一般位于山区，井巷入口和工业场地面临的风险因素较多。此外，矿山建成投产后一般服务期均较长，井巷入口和工业场地一旦选定之后生产中难以改变。因此，在设计中一定要慎重考虑各种危险因素，有效避开各种自然灾害（如滑坡、洪水、不宜建厂的不良地质条件等）的威胁，保证相关设施在矿山生命周期内的安全。有时会由于地形条件所限，一些井巷入口和工业场地无法有效避开自然灾害的威胁，则应根据灾害的特点，采取有效的措施进行防护，保证井口及工业场地的安全。

8.14.2.2 当工业场地周边存在边坡时，应说明边坡参数、工程地质勘查情况和边坡的安全加固措施。

【条文说明】

工业场地周边存在边坡，特别是有高边坡时，一旦失稳会对工业场地和人员造成较大伤害，因此，设计中应依据边坡高度、坡度和工程地质条件对边坡的稳定性进行分析，当边坡需要加固时，设计还应说明采取的具体加固措施。

8.14.2.3 根据项目需要应说明为保证矿山开采和工业场地安全设计的河流改道及河床加固（含导流堤、明沟、隧洞、桥涵等）、地表截排水（地表截水沟、排洪沟/渠、拦水坝、截排水隧洞等）等工程设施。

【条文说明】

矿区受河流、洪水威胁时，应修筑防洪堤坝，或将河流改道至开采影响范围以外。已有或可能出现滑坡、地面塌陷、开裂区的周围应设置截水沟，防止地表水侵袭。影响矿区安全的落水洞、岩溶漏斗、溶洞等均应严密封闭。报废的竖井、斜井、探矿井、钻孔等应封闭井口，并在其周围挖掘排水沟，防止地表水进入地下采区。常见的地表防排水工程包括河流改道工程、排洪隧洞、截水沟和河床加固工程等。有些情况下，只有在矿山开采到一定阶段后才需要实施河流改道工程。这种情况下，安全设施设计中应包括矿山全周期的防排水设施，并应明确实施这些工程的时间节点以及其他的相关条件。

8.14.2.4 当分期建设时应说明各分期设计范围及各分期的基建内容。

【条文说明】

当矿山地表防排水设施分期建设时，为便于不同分期内安全设施的验收，需要在设计中分别明确各分期的基建范围和基建内容。

8.14.2.5 总结概述本节专用安全设施内容时，应列表汇总本节专用安全设施。

【条文说明】

为便于审查，对专用安全设施进行汇总时应采用列表的形式，表中应包括专用安全设施的名称、数量、设置位置等内容。

8.14.3 建（构）筑物防火

8.14.3.1 建（构）筑物防火部分应说明工业场地内各建筑物的火灾危险性、耐火等级、防火距离、厂区内消防通道和消防用水水量、水压、消防水池、供水泵站及供水管路设置情况等。

【条文说明】

矿山工程地表建（构）筑物主要是指位于井口附近的采矿工业场地内发生火灾后对井口安全有影响的各类建（构）筑物，例如井口的通风预热设施、制冷设施、提升机房、空压机房、驱动站、距离井口较近的仓库、办公楼等。在这类建（构）筑物设计时应考虑防火要求，减少对井下的影响。设计中应严格按照相关规范要求，对耐火等级、防火距离和消防设施进行设计。

8.14.3.2 总结概述本节专用安全设施内容时，应列表汇总本节专用安全设施。

【条文说明】

为便于审查，对专用安全设施进行汇总时应采用列表的形式，表中应包括专用安全设施的名称、数量、设置位置等内容。

8.15 个人安全防护

8.15.1 设计应说明矿山为员工配备的个人防护用品的规格和数量。

【条文说明】

作业人员个人防护用品是作业人员安全的最后一道防护，也是遇险人员自救的仅有工具，其重要程度不言而喻，安全设施设计中应为矿山作业人员配备足额合格的个人防护用品。

8.15.2 总结概述本节专用安全设施内容时，应列表汇总本节专用安全设施。

【条文说明】

为便于审查，对专用安全设施进行汇总时应采用列表的形式，表中应包括专用安全设施的名称、数量、设置位置等内容。

8.16 安全标志

8.16.1 设计应说明矿山在各生产地点设置的矿山、交通、电气等安全标志情况。

【条文说明】

安全标志能够提醒警示井下工作人员，很大程度上可以减少安全事故的发生。地下矿山不同工作地点的危险因素不同，而设置的安全标志也不相同。设计应根据项目特点对重点工作区域的安全标志设置情况进行说明。具体可参照表 8.16 - 1。

表 8.16-1　安 全 标 志 设 置 情 况 表

序号	设置地点	禁止标志	警告标志	指令标志	路标、名牌、提示标志
1	罐笼井（含混合井）井口	禁止酒后入井，禁止人料同罐，禁止井下随意拆卸、敲打、撞击矿灯	注意安全，当心坠落	必须戴矿工帽，必须携带矿灯，必须随身携带自救器，必须持证上岗	—
2	罐笼井（含混合井）马头门	禁止扒、登、跳人车，禁止攀牵线缆，禁止人料同罐	当心坠落	走人行道	安全出口，电话，进风巷道，路标
3	斜坡道入口	禁止酒后入井，禁止井下随意拆卸、敲打、撞击矿灯	注意安全	必须戴矿工帽，必须携带矿灯，必须随身携带自救器，必须持证上岗	—
4	斜坡道各中段联络道口	—	当心列车通过，当心交叉道口，当心弯道，当心巷道变窄	走人行道，鸣笛	安全出口，躲避硐室，前方慢行，路标
5	箕斗井井口	禁止入内	当心坠落	—	
6	斜井井口（矿车组斜井）	禁止酒后入井，禁止扒乘矿车，禁止扒、登、跳人车，禁止车间乘人，禁止登钩，禁止攀牵线缆，禁止井下随意拆卸、敲打、撞击矿灯	注意安全，当心列车通过，当心滑跌	必须戴矿工帽，必须携带矿灯，必须随身携带自救器，必须持证上岗	—

82

表 8.16 – 1 （续）

序号	设置地点	禁止标志	警告标志	指令标志	路标、名牌、提示标志
7	斜井井口（胶带斜井）	禁止酒后入井，禁止跨、乘输送带，禁止攀牵线缆，禁止井下随意拆卸、敲打、撞击矿灯	注意安全，当心滑跌	必须戴矿工帽，必须携带矿灯，必须随身携带自救器，必须持证上岗	—
8	斜井井口（箕斗斜井）	禁止入内	注意安全，当心滑跌	—	—
9	主要运输巷道	禁止扒乘矿车，禁止扒、登、跳人车，禁止车间乘人，禁止攀牵线缆，禁止停车	注意安全，当心车辆通过，当心弯道，当心巷道变窄	走人行道，鸣笛	安全出口，电话，急救站，前方慢行，进风巷道、运输巷道，路标
10	井下变配电硐室	禁止烟火，禁止明火，禁止启动，禁止合闸，禁止井下睡觉	注意安全，当心触电	必须穿戴绝缘保护用品，必须持证上岗	指示牌，安全出口
11	井下维修硐室	禁止启动，禁止合闸，禁止井下睡觉	注意安全，当心触电	必须持证上岗	安全出口，可动火区，指示牌
12	油库	禁止烟火，禁止明火，禁止井下睡觉	注意安全，当心火灾	注意通风	—
13	井下爆破器材库	禁止烟火，禁止明火，禁止井下睡觉	注意安全，当心火灾，当心爆炸	必须加锁，必须持证上岗，注意通风	安全出口

表 8.16－1（续）

序号	设置地点	禁止标志	警告标志	指令标志	路标、名牌、提示标志
14	材料硐室	禁止烟火，禁止明火，禁止井下睡觉	当心火灾，当心绊倒	—	—
15	溜井口	—	当心坠入溜井	—	—
16	人行天井	—	当心坠落	—	—
17	生产采场及掘进工作面	禁止放明炮、糊炮，禁止井下睡觉	注意安全，当心冒顶，当心有害气体中毒，当心片帮滑坡，当心发生冲击地压，当心绊倒，当心滑跌	必须戴防尘口罩，注意通风	安全出口，爆破警戒线，电话
18	已废弃采空区及废弃巷道	禁止入内，禁止通行，禁止驶入	—	—	危险区，永久封闭
19	井下水泵房	禁止启动，禁止合闸	注意安全，当心触电	—	—
20	风机硐室	禁止启动，禁止合闸，禁止同时打开两道风门	注意安全，当心触电	—	—
21	井下皮带运输巷道	禁止明火，禁止跨、乘输送带	—	—	安全出口，电话

表 8.16-1（续）

序号	设置地点	禁止标志	警告标志	指令标志	路标、名牌、提示标志
22	破碎硐室	禁止启动，禁止合闸	注意安全，当心触电	必须戴防尘口罩，注意通风	安全出口
23	消防器材放置处	—	—	—	消防器材指示牌
24	避险硐室	—	—	—	避险硐室指示牌

8.16.2　总结概述本节专用安全设施内容时，应列表汇总本节专用安全设施。

【条文说明】

为便于审查，对专用安全设施进行汇总时应采用列表的形式，表中应包括专用安全设施的名称、数量、设置位置等内容。

9　安全管理和专用安全设施投资

9.1　安全管理

安全管理部分说明应包括下列内容：

——对矿山安全生产管理机构设置、部门职能、人员配备的建议及矿山安全教育和培训的基本要求，并应列出劳动定员表；

——矿山应设置的专职救护队或兼职救护队的人员组成及技术装备；

——矿山应制定的针对各种危险事故的应急救援预案。

【条文说明】

地下矿山在生产中面临着诸多风险，管理不当易发生事故，甚至重大人员伤亡事故。因此，设计中应该根据规程规范和规范性文件的相关要求和矿山的实际特点制定完备的安全管理体系和安全管理机构，配备足够的专业技术人员，并定期开展安全教育和培训，以保障矿山生产安全。

《金属非金属矿山安全规程》（GB 16423）规定，矿山应设立矿山救护队，设立兼职救护队时应与就近的专业矿山救护队签订救护协议。安全设施设计中应根据矿山能力和技术力量，对救护队人员组成和技术装备的设置情况进行说明，当设立兼职救护队时还应说明救护协议的签订情况。

事故发生后，为保证矿山能迅速高效地开展救援工作，应急预案是必不可少的，在安全设施设计中应根据矿山的特点提出矿山应制定的应急预案。矿山的主要应急预案可包括但不限于以下方案：安全生产事故综合应急救援预案、冒顶片帮事故应急预案、井下火灾事故应急预案、井下爆破事故应急预案、触电事故应急预案、提升事故应急预案、车辆伤害事故应急预案、机械伤害事故应急预案、地质灾害应急预案、高处坠落事故应急预案、风机停止运转事故应急预案、井下有毒有害气体超限应急预案、水害事故应急预案等。

对于改扩建项目，设计中要描述现有机构和人员配置情况，并评价是否满足后续安全生产要求，不满足要求时应根据矿山实际情况，提出需要增设的机构和人员数量、专业、职称等具体要求，不能仅做原则性说明。

9.2 专用安全设施投资

根据《金属非金属矿山建设项目安全设施目录（试行）》（国家安全监管总局令第 75 号）的规定，应对本项目设计的全部专用安全设施的投资进行列表汇总，相关内容见表2。

表2 专用安全设施投资表

序号	名 称	描 述	投资万元	说 明
1	罐笼提升系统	列出本项工程专用安全设施的内容名称，下同		有多条井时应分别列出
2	箕斗提升系统			有多条井时应分别列出
3	混合井提升系统			有多条井时应分别列出
4	斜井提升系统			有多条井时应分别列出
5	斜坡道与无轨运输巷道			有多条斜坡道时应分别列出
6	带式输送机系统			有多条时应分别列出
7	电梯井提升系统			有多条井时应分别列出
8	有轨运输系统			应说明有几个运输水平
9	动力油储存硐室			应说明有几个
10	破碎硐室			有多个时应分别列出
11	采场			性质差别大的采矿方法应分别列出
12	人行天井与溜井			
13	供、配电设施			
14	通风和空气预热及制冷降温			
15	排水系统			有多个水泵房时应分别列出
16	充填系统			
17	地压、岩体位移监测系统			
18	矿山安全保障系统			

序号	名　称	描　述	投资 万元	说　明
19	消防系统			
20	防治水			
21	地表塌陷或移动范围保护措施			采用崩落法、空场法开采时
22	矿山应急救援设备及器材			
23	个人安全防护用品			
24	矿山、交通、电气安全标志			
25	排土场（废石场）			有多个时应分别列出
26	其他设施			

【条文说明】

采用表格的形式汇总列出矿山专用安全设施及投资情况。本表可参考《金属非金属矿山建设项目安全设施目录（试行）》（国家安全生产监督管理总局令第 75 号）的内容，并结合项目的实际情况进行填写。因基本安全设施具有生产功能，如果设计中缺失，则生产无法进行，其投资计入生产设施，所以新建矿山项目的安全投资只计算其专用安全设施部分。

10　存在的问题和建议

设计应提出能够预见的在项目实施过程中或投产后，可能存在并需要矿山解决或需要引起重视的安全问题及解决建议。

设计应提出基础资料影响安全设施设计的问题及解决建议。

设计应提出在智能矿山建设方面应开展的相关工作的建议。

【条文说明】

在设计中可能由于一些基础资料缺失或暂时没有途径获得，因而设计中的部分参数或工艺是暂时根据设计单位的经验或借鉴同类矿山确定的，这些设计内容还需要在基建中进一步取得相关资料或验证的基础上进行完善。对此，设计中应明确说明。另外，对设计阶段无法确定的潜在风险因素，也应在此提示并提出建议，指导和提示矿山如何在生产中进行防范或开展相关研究工作。

安全设施设计是在取得相关资料的基础上进行的，如果基础资料不准确或发生变化，则原设计的内容可能不能满足新的变化，需要根据情况变化调整工艺方案或相关安全设施。设计中应对此类问题进行说明，并提出相关建议。

智能矿山是当前矿山开采发展的重要趋势，可以有效减少井下作业人员数量，对于实现矿山的本质安全至关重要。因此，鼓励有条件的矿山大力推进智能矿山建设，逐步实现少人化甚至无人化开采，从根本上消除人员伤亡事故。设计中应根据矿山情况，提出今后应在智能矿山方面进行相关工作的建议。

11 附件与附图

11.1 附件

安全设施设计依据的相关文件应包括采矿许可证的复印件或扫描件、不采用充填法时的采矿方法专项论证报告。

【条文说明】

附件中应包括采矿许可证的复印件或扫描件，如果没有采用充填法时还应有采矿方法的专项论证报告。此外，设计中可以根据设计情况适当增加相关附件，主要可包括但不限于如下内容：地质勘查报告主要结论及评审意见、研究报告结论及评审意见。

11.2　附图

附图应采用原始图幅；图中的字体、线条和各种标记应清晰可读，签字齐全；宜采用彩图；附图应包括以下图纸（可根据实际情况调整，但应涵盖以下图纸的内容）：

——矿山地形地质图；

——矿山地质剖面图（应反映典型矿体形态，数量不少于2张）；

——水文地质及防治水工程布置平/剖面图（当矿山水文地质条件复杂时）；

——矿区总平面布置图；

——井上、井下工程对照图；

——矿山开拓系统纵投影图（或矿山开拓系统横投影图）；

——主要水平平面布置图；

——矿井通风系统图；

——采矿方法图；

——通信系统图；

——避灾线路图；

——全矿（含地下）供电系统图；

——主要井巷断面图；

——相邻采区或矿山与本矿山空间位置关系图；

——基建进度计划图。

【条文说明】

附图中包含地质和矿山主要开采系统的相关图纸，通过这些图纸中的信息，可以对项目设计情况有一个整体直观的认识，提纲中要求的图纸均与矿山建设和生产安全相关，因此设计中应按照要求提供附图。如果根据项目设计特点认为应增加其他附图时也可适当增加附图张数，例如高温矿井的制冷系统图；帷幕注浆治水矿山的注浆帷幕幕线平面图和防渗帷幕纵／横剖面图；疏干为主矿山的地表抽水井或井下放水孔平面布置图；典型工程布置剖面图等。

为便于阅读，所附图纸建议采用正常图幅大小，不要为装订方便而缩小图幅。由于有时图纸上的信息较多，采用彩图能够更加清晰地表达出相关信息，此类图纸建议优先考虑采用彩图。

附 录 A

（资料性）

金属非金属地下矿山建设项目安全设施设计编写目录

A.1 设计依据

A.1.1 项目依据的批准文件和相关的合法证明文件

A.1.2 设计依据的安全生产法律、法规、规章和规范性文件

A.1.3 设计采用的主要技术标准

A.1.4 其他设计依据

A.2 工程概述

A.2.1 矿山概况

A.2.2 矿区地质及开采技术条件

A.2.2.1 矿区地质

A.2.2.2 水文地质条件

A.2.2.3 工程地质条件

A.2.2.4 环境地质条件

A.2.2.5 矿床资源

A.2.3 矿山开采现状

A.2.4 周边环境

A.2.5 工程设计概况及利旧工程

A.3 本项目安全预评价报告建议采纳及前期开展的科研情况

A.3.1 安全预评价报告提出的对策措施与采纳情况

A.3.2 本项目前期开展的安全生产方面科研情况

A.4 矿山开采主要安全风险分析

A.4.1 矿区地质及开采技术条件对矿床开采主要安全风险分析

A.4.2 人员密集区域及特殊条件下的主要安全风险分析

A.4.3 周边环境对矿床开采主要安全风险分析

A.4.4 其他

A.5 安全设施设计

A.5.1 矿床开拓系统及保安矿柱

A.5.1.1 开拓系统

A.5.1.2 井下工程支护

A.5.1.3 保安矿柱

A.5.2 采矿方法

A.5.2.1 采矿方法的确定

A.5.2.2 采场回采

A.5.3 提升运输系统

A.5.3.1 竖井提升系统

A.5.3.2 斜井提升系统

A.5.3.3 带式输送机系统

A.5.3.4 斜坡道与无轨运输系统

A.5.3.5 有轨运输系统（含装载和卸载）

A.5.3.6 主溜井及破碎系统（含箕斗装矿）

A.5.4 井下防治水与排水系统

A.5.5 通风降温系统

A.5.6 充填系统

A.5.7 露天开采转地下开采及联合开采矿山安全对策措施

A.5.8 特殊开采条件下的安全措施

A.8.2　附图

【条文说明】

附录 A 列出了金属非金属地下矿山建设项目安全设施设计编制目录，设计时应按照目录编排章节。

第2篇：金属非金属露天矿山建设项目安全设施设计编写提纲

1 范围

本文件规定了金属非金属露天矿山建设项目安全设施设计编写提纲的术语和定义、设计依据、工程概述、本项目安全预评价报告建议采纳及前期开展的科研情况、矿山开采主要安全风险分析、安全设施设计、安全管理和专用安全设施投资、存在的问题和建议、附件与附图。

本文件适用于金属非金属露天矿山建设项目安全设施设计，章节结构应按附录A编制。

【条文说明】

本文件是《金属非金属露天矿山建设项目安全设施设计编写提纲》，因此仅适合露天矿山。如果存在露天和地下联合生产的情况，还应同时符合《金属非金属地下矿山建设项目安全设施设计编写提纲》的要求，并增加一章地下矿山部分的安全设施设计内容。为便于审阅和审查，安全设施设计编写时的章节结构应符合附录A的要求。

2 规范性引用文件

下列文件中的内容通过文中的规范性引用而构成本文件必不可少的条款。其中，注日期的引用文件，仅该日期对应的版本适用于本文件；不注日期的引用文件，其最新版本（包括所有的修改单）适用于本文件。

GB 16423 金属非金属矿山安全规程

【条文说明】

《金属非金属矿山安全规程》（GB 16423）是金属非金属矿山开采领域唯一一部全文强制的国家标准，也是矿山开采安全保障的底线要求，因此本文件将其作为引用文件。

3 术语和定义

下列术语和定义适用于本文件。

3.1

非煤矿山 non – coal mine

金属非金属地下矿山、金属非金属露天矿山和尾矿库的统称。

3.2

金属非金属露天矿山 metal and nonmetal opencast mines

在地表通过剥离围岩、表土或砾石，采出金属或非金属矿物的采矿场及其附属设施。

3.3

金属非金属地下矿山 metal and nonmetal underground mines

以平硐、斜井、斜坡道、竖井等作为出入口，深入地表以下，采

出金属或非金属矿物的采矿场及其附属设施。

3.4

基本安全设施 **basic safety facilities**

基本安全设施是依附于主体工程而存在，属于主体工程一部分的安全设施。基本安全设施是矿山安全的基本保证。

3.5

专用安全设施 **special safety facilities**

专用安全设施是指除基本安全设施以外的，以相对独立于主体工程之外的形式而存在，不具备生产功能，专用于安全保护的安全设施。

【条文说明】

本章主要对本文件经常使用的 5 个术语进行了定义和说明，便于各方面人员对概念统一理解和相互交流。

4 设计依据

4.1 项目依据的批准文件和相关的合法证明文件

建设项目安全设施设计中应列出采矿许可证。

【条文说明】

采矿许可证是矿山建设项目初步设计之前必须取得的合法证明文件，也是建设项目开采设计依据的批准文件和合法证明文件。因此，要求必须列出采矿许可证。此外，设计所确定的开采方式及生产规模是否与采矿证一致，露天开采境界是否在矿权范围内等，也是安全设施设计审查的重要内容。

4.2 设计依据的安全生产法律、法规、规章和规范性文件

4.2.1 在设计依据中应列出有关安全生产的法律、法规、规章和规范性文件。

【条文说明】

列出设计依据的相关法律、法规、规章和规范性文件，与设计内容和安全无关的不应在此罗列。

4.2.2 国家法律、行政法规、地方性法规、部门规章、地方政府规章、国家和地方规范性文件应分层次列出，并标注其文号及施行日期，每个层次内应按发布时间顺序列出。

【条文说明】

各种法律、法规、规章和规范性文件排列时应根据本条规定分层次、实施日期（实施时间晚的在前，时间早的在后）进行，并标注清楚其相关信息，使其条理清晰，便于查阅和审查。

4.2.3 依据的文件应现行有效。

【条文说明】

设计时还应注意所有的依据文件必须现行有效，已经废止、废除或被替代的文件不得作为设计依据。

4.3 设计采用的主要技术标准

4.3.1 设计中应列出设计采用的技术性标准。

【条文说明】

列出设计依据的技术性规范、标准，与设计内容和安全无关的标

准不应罗列。

4.3.2 国家标准、行业标准和地方标准应分层次列出，标注标准代号；每个层次内应按照标准发布时间顺序排列。

【条文说明】

罗列标准时应根据本条规定分层次和发布时间（实施时间晚的在前，时间早的在后）进行排列，并标注清楚其名称、标准号、发布日期等，使其条理清晰，便于查阅和审查。

4.3.3 采用的标准应现行有效。

【条文说明】

设计时还应注意所有的依据标准必须现行有效，已经废止、废除或被替代的标准不得作为设计依据。

4.4 其他设计依据

4.4.1 其他设计依据中应列出地质勘查资料（包括专项工程和水文地质报告）、安全预评价报告、相关的工程地质勘察报告、试验报告、研究成果、安全论证报告及最新安全设施设计及批复等，并应标注报告编制单位和编制时间，尚应在附件中列出报告结论及专家评审意见等内容。

【条文说明】

安全设施设计之前已经完成的相关工作成果，包括各种地质勘查资料、研究报告、试验报告、安全论证报告及最新安全设施设计及批复等均应在此列出。此外，作为设计依据的地质勘察报告和安全预评价报告等也应一并列出。各类报告应标注清楚其编制单位、编制时间和主要结论等，并应按编制的时间顺序列出，时间早的在前，时间晚的在后。列出上述设计依据的主要目的是对项目已经完成的相关工作进行总结梳理，便于对安全设施设计的可靠性和全面性进行把握。

工程地质、水文地质或岩土工程勘察报告由具备相应资质的勘察单位完成，采矿方法和生产规模论证报告原则上由设计单位、科研院所或专业高校等完成。采矿方法论证报告、生产规模论证报告、试验报告、研究报告和水文地质报告等可由建设单位组织相关领域专家审查；对于在评审备案的详查报告基础上做进一步勘查的水文地质和工程地质报告，可由原评审机构组织评审，也可由建设单位组织相关领域专家进行审查。

4.4.2　水文地质和工程地质类型为简单的小型金属非金属露天矿山建设项目安全设施设计，依据的水文地质和工程地质勘查资料应不低于详查程度，其他金属非金属露天矿山建设项目安全设施设计，依据的水文地质和工程地质勘查资料应达到勘探程度；排土场工程地质勘察应不低于初步勘察程度。

【条文说明】

根据《国家矿山安全监察局关于印发〈关于加强非煤矿山安全生产工作的指导意见〉的通知》（矿安〔2022〕4号）要求，"金属非金属地下矿山、大中型金属非金属露天矿山、水文地质或者工程地质类型为中等及以上的小型金属非金属露天矿山建设项目安全设施设计，依据的地质资料应达到勘探程度"。如果设计依据的地质报告为通过评审备案的详查报告，其水文地质和工程地质通过补充勘查达到了勘探程度则也视为满足要求。对于水文地质和工程地质类型为简单的小型金属非金属露天矿山建设项目，安全设施设计依据的地质勘查资料（水文地质和工程地质）应不低于详查程度。

5 工程概述

5.1 矿山概况

5.1.1 企业概况应简述建设单位简介、隶属关系、历史沿革等。

【条文说明】

对矿山建设项目的建设单位基本情况（包括隶属关系或出资单位、股权构成情况等）和发展历史进行介绍，主要目的是供审阅人了解项目建设的背景和企业状况。

5.1.2 矿山概况应包括矿区自然概况（包括矿区的气候特征、地形条件、区域经济、地理概况、地震资料、历史最高洪水位等），矿山交通位置（给出交通位置图），周边环境，采矿权位置坐标、面积、开采标高、开采矿种、开采规模、服务年限等。

【条文说明】

对矿山建设项目的基本情况进行概述，说明时应重点突出、内容全面，以便审阅人员对该建设项目所处区域的自然概况、交通情况、周边环境、采矿权设置情况有一个客观、准确的认识。

5.2 矿区地质及开采技术条件

5.2.1 矿区地质

5.2.1.1 设计中应简述区域地质及矿区地质基本特征。

5.2.1.2 描述矿区地层特征和主要构造情况（性质、规模、特征）时，对于影响矿体开采的特征应进行详细说明。

5.2.1.3 简述矿床地质特征时应着重阐明矿床类型、矿体数量、主要矿体规模、形态、产状、埋藏条件、空间分布、矿石性质及围岩。

5.2.1.4　矿区地质部分应说明矿床风化、蚀变特征。

【条文说明】

5.2.1.1～5.2.1.4条主要以完成的相关地质报告作为依据，对矿山的矿区地质条件按要求进行描述。其主要目的是为后续的安全设施设计提供依据，也是设计的安全设施是否满足要求的重要判据。

5.2.2　水文地质条件

5.2.2.1　矿区水文地质条件简述应包括矿区气候、地形、汇水面积、地表水情况，含（隔）水层，地下水补给、径流及排泄条件，主要构造破碎带、地表水、老窿水等对矿床充水的影响。

5.2.2.2　矿区水文地质条件部分说明应包括下列内容：

——已完成的水文地质工作及其成果或结论。

——采用的涌水量估算方法及矿山正常涌水量和最大涌水量估算结果；

——改、扩建矿山近年来的实际涌水量。

【条文说明】

5.2.2.1、5.2.2.2条主要以完成的相关地质报告作为依据，对矿区的水文地质条件进行描述。大中型金属非金属露天矿山、水文地质或者工程地质类型为中等及以上的小型金属非金属露天矿山，依据的水文地质勘查资料应达到勘探程度。

对于一般矿山，可按照基本要求进行简要说明，并应明确水文地质条件类型。如果有影响开采的岩溶地层，应明确岩溶发育特征和水文地质特征。对于水文地质条件复杂的矿山，应对其水文地质条件进行重点描述，特别是介绍已往开展的专项勘查或研究工作及其主要结论。

5.2.3 工程地质条件

矿区工程地质条件简述应包括工程地质岩组分布、岩性、厚度和物理力学性质，矿区构造特征，岩体风化带性质、结构类型和发育深度，蚀变带性质、结构类型和分布范围，岩体质量和稳固性评价，以及可能产生的工程地质问题及其部位。

【条文说明】

主要以完成的相关地质报告作为依据对矿区的工程地质条件进行描述。大中型金属非金属露天矿山、水文地质或者工程地质类型为中等及以上的小型金属非金属露天矿山，依据的工程地质勘查资料应达到勘探程度。

对于一般矿山，可按照基本要求进行简要说明，并应明确工程地质条件类型。对于工程地质条件复杂的矿山，应对其工程地质条件进行重点描述，特别是以往开展的相关专项勘查或研究工作及其主要结论。

5.2.4 环境地质条件

项目的环境地质特征说明应包括地震区划，矿区发生地面塌陷、崩塌、滑坡、泥石流等地质灾害的种类、分布、规模、危险性大小、危害程度，以及其他如自燃、高地应力、放射性等情况。

【条文说明】

主要以完成的相关地质报告作为依据对矿区的环境地质进行描述，并应明确环境地质条件类型。当存在特殊危害因素时，应对特殊危险因素进行详细说明。

5.2.5 矿床资源

矿床资源部分应简述全矿区资源量或储量及设计范围内资源量或储量情况。

【条文说明】

对矿区范围内和设计范围内的资源量或储量进行说明，主要目的是明确资源赋存位置，了解将来开采的重点区域，以便对重点区域的安全设施进行重点关注。此外，通过对矿区范围内和设计范围内的资源量或储量进行对比，可以大致判断设计是否符合一次性整体设计的要求。

5.3 矿山开采现状

5.3.1 矿山开采现状应说明项目性质（新建矿山、改扩建矿山）。

【条文说明】

新建矿山和改扩建矿山面临的风险因素和安全重点差异较大，对项目的性质进行说明，便于在安全设施设计中做到重点突出。

5.3.2 对于改扩建矿山应说明矿山开采现状，露天采场（边坡）状态，开采中出现过的主要水文地质、工程地质及环境地质灾害问题。

【条文说明】

对于改扩建矿山而言，影响露天边坡稳定性的相关因素往往与矿山生产状态有关。为保证后续生产安全，应对开采现状的生产系统、采场边坡高度、边坡角、边坡稳定性状态以及与改扩建区域之间的关系等进行说明。

此外，对于以往开采中出现过的主要水文、工程地质及环境地质灾害是本矿山今后生产中面临的主要风险，需要在设计中重点关注。因此，应对以往的边坡稳定性、矿坑涌水量、水位降幅等信息加以说明，为安全设施设计提供基础资料。

5.4 周边环境

5.4.1 矿区周边环境说明应包括村庄、道路、其他厂矿企业及其他设施等，并应说明是否存在相互影响。

【条文说明】

周边环境是指与本矿山有相互影响的周边区域内的建（构）筑物、道路及其他厂矿企业等。设计中应根据露天开采的影响范围、排土场和地表设施的布置，判断矿山开采对周边设施的影响。如果矿山开采对周边的设施有影响，应概述影响程度和设计采取的安全措施。当周边存在可能相互影响的其他矿权或正在生产的矿山时，应明确表述留设的保安矿柱和采取的安全措施。

5.4.2 矿区周边环境设施涉及搬迁的应完成全部搬迁工作并说明搬迁完成情况。

【条文说明】

当矿山开采对周边设施有安全影响时，或周边设施对矿山开采有安全影响时，应概述相互影响情况和采取的安全措施。如果需要采取搬迁措施消除相互之间的安全影响，则应在安全设施设计完成前完成现场的全部搬迁工作，并在安全设施设计中对搬迁情况进行说明。

5.5 工程设计概况及利旧工程

5.5.1 工程设计概况应简述开采方式、开采范围及一次性总体设计情况、露天开采境界（包括分期境界和最终境界）、开拓运输系统、生产规模及服务年限、基建工程和基建期、采矿进度计划（含采矿进度计划表）、排土场（废石场）、矿山截排水系统、矿山通信及信号、矿山供水、矿山供配电、矿区总平面布置、工程总投资、专用安全设施投资等内容。

【条文说明】

工程设计概况说明的主要目的是对项目的主要情况进行简要介绍，便于对安全设施设计的针对性、符合性、全面性进行判断。介绍时一定要精准扼要，不应大篇幅描述。

5.5.2 当矿山的设计规模超过采矿许可证证载规模时，应说明项目核准或备案文件、设计规模专项论证报告，并应将上述文件作为支撑材料。

【条文说明】

《中共中央办公厅 国务院办公厅关于进一步加强矿山安全生产工作的意见》要求"采矿许可证证载规模是拟建设规模，矿山设计单位可在项目可行性研究基础上，充分考虑资源高效利用、安全生产、生态环境保护等因素，在矿山初步设计和安全设施设计中科学论证并确定实际生产建设规模，矿山企业应当严格按照经审查批准的安全设施设计建设、生产"。

对于改扩建矿山或生产中采矿权范围发生变化的矿山，如果矿山的生产能力需要扩大，应对设计规模进行专项论证，以便科学合理地确定生产规模。此外，编制安全设施设计时，应说明与设计规模一致的项目核准或备案文件情况，并应和设计规模专项论证报告一起作为安全设施设计的支撑材料。

对于新建矿山，设计应严格按照采矿证要求，设计规模不应超过采矿证证载规模。

5.5.3 利旧工程应说明基本情况及合规性、利旧后在新生产系统中的主要功能。

【条文说明】

对于改扩建矿山，已经形成了完整的开采系统，未来的改扩建工程可能会对部分工程和设施进行利旧。为保证利旧工程的有效性，在设计中应对利旧工程的基本情况进行说明，可包括工程参数、工程内安装的相关设施型号、生产能力和主要功能等。合规性主要是指利旧工程是否符合设计、评审、验收等程序，设计中应附上相关的审批和验收文件证明其合规性。

说明利旧工程在新生产系统中的主要功能，主要目的是判断利旧工程是否能满足未来生产的需要，是否需要进行适当的改造，因此需要在设计中予以明确。

5.5.4 对于露天境界应说明是否均在采矿权范围内。

【条文说明】

《矿产资源开采登记管理办法》（国务院令第 241 号）第三十二条规定：本办法所称矿区范围，是指经登记管理机关依法划定的可供开采矿产资源的范围、井巷工程设施分布范围或者露天剥离范围的立体空间区域。因此，设计中应明确露天最终境界的分布范围，包括需要利旧的工程也应在采矿权范围内。

5.5.5 设计中应列出主要技术指标，相关内容见表1。

表1 设计主要技术指标表

序号	指标名称	单位	数量	备注
1	地质			
1.1	全矿区资源量或储量			
	矿石量	万 t		
1.2	露天开采境界内的资源量或储量			

序号	指标名称	单位	数量	备注
	矿石量	万 t		
1.3	矿岩物理力学性质			
	矿石体重	t/m³		
	岩石体重	t/m³		
	矿岩松散系数			
	矿石抗压强度	MPa		
	岩石抗压强度	MPa		
1.4	地质资料勘探程度			
	水文地质条件类型			
	工程地质条件类型			
	环境地质条件类型			
2	采矿			
2.1	矿山规模			
	矿石量	万 t/a		
	剥离量	万 t/a		
	采剥总量	万 t/a		
2.2	剥采比			
	平均剥采比			
	生产平均剥采比			
2.3	矿山服务年限	a		
2.4	矿山基建时间	a		
	基建工程量	万 t		
	其中：副产矿石量	万 t		
2.5	开拓运输方式			
	汽车型号			
	数量	辆		
	胶带		规格、参数	

表 1（续）

序号	指 标 名 称	单位	数量	备 注
		段		
	破碎机规格			
	数量	台		
2.6	工作制度	d/a		
		班/d		
		h/班		
2.7	露天开采最终境界			
	上口尺寸（长、宽）	m		
	坑底尺寸（长、宽）	m		
	总高度	m		
	最终边坡角	(°)		
	矿石量	万 t		
	废石量	万 t		
	采剥总量	万 t		
	剥采比	t/t		
	最高开采台阶标高	m		
	最低开采台阶标高	m		
	封闭圈标高	m		
2.8	台阶参数			
	最终边坡台阶高度	m		
	台阶坡面角	(°)		
	并段高度	m		
	工作台阶高度	m		说明最终台阶高度
	安全平台宽度	m		
	清扫平台宽度	m		
	运输平台宽度	m		
	工作台阶坡面角	(°)		

表 1（续）

序号	指 标 名 称	单位	数量	备 注
	最小工作平台宽度	m		
	同时开采的台阶数	个		
	最小工作线长度	m		
2.9	排土场（废石场）			
	占地面积	hm^2		
	堆置总高度	m		
	总容量	m^3		
	服务年限	a		
	排土方式			
	排土段高	m		
	排土机型号			
	排土机数量	台		
	总边坡角	（°）		
	台阶坡面角	（°）		
	最小工作平台宽度	m		
	安全平台宽度	m		
3	供电			
3.1	用电设备安装功率	kW		
3.2	用电设备工作功率	kW		
3.3	计算一级负荷	kW		
3.4	年总用电量	kW·h/a		
3.5	单位矿石耗电量	kW·h/t		

【条文说明】

用表格的形式列出建设项目的主要技术参数和设备规格，有利于审阅人员快速了解项目主要技术内容和特点。安全设施设计编写时可根据表格的内容和提示，结合矿山的实际情况进行填写，矿山没有的项目可以在表格中删除，这样可以保持表格简洁和一目了然的特点。

6 本项目安全预评价报告建议采纳及前期开展的科研情况

6.1 安全预评价报告提出的对策措施与采纳情况

6.1.1 设计中应落实安全预评价报告中根据该项目具体风险特点提出的针对性对策措施。

【条文说明】

建设项目的安全预评价报告根据项目特点和建设方案，对项目建设中的安全情况进行相应的模拟、分析和评价，并根据分析结果提出相应的应对措施，对于预防和控制矿山生产中的安全风险有重要的指导作用。因此，在设计中应落实安全预评价报告中根据该项目具体风险特点提出的风险针对性措施，包括技术措施和管理要求，以确保矿山生产安全。

6.1.2 设计中应简述安全预评价中相关建议的采纳情况，对于未采纳的应说明理由。

【条文说明】

安全预评价编制的依据是可行性研究报告，可行性研究报告中不可能对所有的细节问题面面俱到，因此有的安全预评价对照安全规程的条款和可行性研究报告的描述，提出了许多通行的要求，这些要求是设计、建设和生产需要遵守的基本底线，已经有规程规范作出了规定。因此，对于此类问题，为精简安全设施设计篇幅，无须在安全设施设计中进行回复，设计中仅需回复针对项目独特风险提出的相关建议，例如高寒高海拔、深凹露天矿山开采、开采技术条件复杂、周边环境复杂等类似风险。回复时应以表格的形式列出采纳情况，如不采纳应说明能保证项目安全的措施和理由。

6.2 本项目前期开展的安全生产方面科研情况

设计中应说明本项目前期开展的与安全生产有关的科研工作及成果，以及有关科研成果在本项目安全设施设计中的应用情况。

【条文说明】

在建设项目前期工作的开展过程中，会存在一些不能依靠经验或其他已有项目做法进行决策的问题，特别是高寒高海拔、深凹露天矿山开采、开采技术条件复杂、周边环境复杂等情形。对于此类矿山需要开展相关的专题研究工作，为设计提供依据，保证项目的建设和生产能够安全、顺利地进行。当开展的专题研究与安全相关时，例如边坡稳定性研究报告、排土场稳定性研究报告等，需要在此列出，并简述其主要研究内容及结论。对于纳入设计依据的相关科研成果应在"安全设施设计"章节中对其研究内容和结论进行简要说明，设计应对其研究成果和结论进行评价，并说明设计中的采纳情况，为相应部分的安全设施设计提供依据。

为保证研究成果的客观独立性，承担本项目安全设施设计编制的设计单位不得承担相关重要的科研工作，例如露天采场边坡稳定性分析等。

7 矿山开采主要安全风险分析

7.1 矿区地质及开采技术条件对矿床开采主要安全风险分析

7.1.1 设计中应分析矿区地质及开采技术条件对矿床开采安全的

影响。

【条文说明】

矿区地质对采矿工业场地内相关建（构）筑物的安全有直接影响，设计中应结合地表地形和环境地质对采矿工业场地面临的主要地质风险进行分析，并简要说明采取的主要安全措施和地表相关设施的安全可靠性。

开采技术条件对于矿山开采设计极其重要，不同的开采技术条件下矿山采用的开采工艺有极大的不同，例如矿岩破碎，则边坡角会较小；矿岩稳固性好，则边坡角可以较大。因此，在设计之前应该取得可靠的地质和开采技术条件（地质勘查资料），并分析其对矿山开采的安全影响情况，为后续开采系统和工艺的选择提供依据。分析描述时，应重点分析在地质和开采技术条件（地质勘查资料）下进行矿山开采面临的主要风险和主要安全对策措施。

7.1.2　项目存在下列情况时，应详细分析开采技术条件对安全生产的影响：

　　——地质条件复杂、岩体破碎的矿床；

　　——水害严重、边坡承受水压风险的矿床；

　　——高寒、高海拔、冻融条件的矿床及有塌陷区、溶洞、复杂地形、泥石流威胁的矿床。

【条文说明】

矿山面临特殊的开采技术条件，会对矿山安全开采造成极大的影响，也是将来矿山生产中引发事故的主要诱因。因此，为实现矿山安全生产源头可控，在设计中应充分分析这些特殊风险对安全生产的影响，提出设计和今后生产中应关注的主要风险点，并概述设计中采取的主要安全措施，其内容可在"安全设施设计"章节中进行详细说明。

7.2 特殊条件下的主要安全风险分析

7.2.1 依据设计确定的开采方案，应论述安全生产需要重点关注的问题。

【条文说明】

矿山生产应坚持以人为本，重点保证矿山作业人员的安全。设计中应根据确定的开采方案，对人员相对集中且安全风险相对较大的重点区域进行安全风险分析。安全分析的主要内容包括露天边坡和排土场边坡的稳定性情况、主要运输道路所处区域的地质条件等。相关具体措施可在"安全设施设计"章节中进行详细说明。

7.2.2 项目存在下列情况时，应重点分析其对安全生产的影响：
——地下转露天开采、露天和地下联合开采；
——边坡高度超过 200 m 的露天采场和排土场；
——开采范围内存在老窿、采空区的矿床。

【条文说明】

边坡高度超过 200 m 的露天采场和排土场及特殊开采情况如地下转露天开采、露天和地下联合开采，以及开采范围内存在老窿、采空区的矿床，相对其他常规矿山开采面临的风险因素更多，发生事故的概率也更大。因此，类似的矿山应对其面临的重点风险进行安全分析，并概述设计采取的主要措施。分析的主要内容可包括相关风险因素识别、后续生产区域与风险区域的位置关系及安全影响情况、风险处置计划和开采顺序的关系等。当改扩建项目与已有工程设施之间相互影响时，设计中还应对新老工程之间的安全影响情况进行分析说明，并提出设计和生产中需要关注的重点内容。

7.3　周边环境对矿床开采主要安全风险分析

矿山周边存在开采相互影响的矿山，或受建构筑物、地表水体、铁路（公路）影响的矿床，以及存在影响矿山开采或受矿山开采影响的其他设施时，应分析对本矿山安全生产的影响。

【条文说明】

矿山开采既要避免外部设施对自身安全的影响，也不应对外部设施造成安全影响。因此，当矿山开采影响范围内存在提纲中列出的相关设施时，应对其相互影响情况进行安全分析，并概述设计采取的主要措施。主要内容包括相互之间的影响范围、影响程度等。

7.4　其他

依据设计确定的开采方案，当存在其他生产中应重点关注的问题时应进行论述。

【条文说明】

不同的矿山面临的风险因素均不相同，很难在具体的条文中穷尽，因此对于具有特殊风险的矿山，需要在本节对其特殊风险情况进行分析说明。

8　安全设施设计

8.1　露天采场

8.1.1　对于露天采场应说明境界范围、最高台阶标高、封闭圈标高、最低标高、最终边坡高度及最终边坡角。

【条文说明】

设计应明确说明露天采场上口尺寸（长 × 宽）、坑底尺寸（长 × 宽）、采场最高台阶、底部以及封闭圈标高、各分区最终边坡高度与边坡角、台阶高度与边坡角、平台宽度（安全平台、清扫平台、工作平台）、工作台阶坡面角、工作帮坡角。当不同岩性地段采用的台阶边坡参数不同时，应分别说明不同岩性地段的台阶边坡参数。此外，还应说明矿山开采过程中允许的工作帮坡角，生产中该角度过大属于重大事故隐患，因此设计中应予以明确，保证矿山生产安全。

8.1.2 采用分期开采时，应说明首期开采的位置、各分期采场的边帮构成要素及各分期的基建内容。

【条文说明】

安全设施设计应根据采矿权的设置情况进行一次性总体设计，但是，有的矿山服务年限较长、矿体向深部延伸较大或前期采用露天后期采用地下开采等，因此一次性全部建成并不合理，需要根据生产进度分期完成开拓系统的建设。对于类似情形，设计可以采用分期开采方案，矿山根据设计情况仅需完成前期的基建工程即可进行安全设施验收和生产，后期工程属于前期的接续工程，需要在矿山投产一定的年限后才开始建设，建成后需再次对后期工程进行验收。为了便于不同分期内安全设施的验收，需要在设计中分别明确各分期的基建范围和基建内容。

应该注意，设计方案为分期实施建设时，应严格控制分期数量，最大不得超过 3 期，每期均应明确设计基建工程和时限，同时还应说明各分期生产与基建的衔接关系。

8.1.3 开采工艺说明应包括下列内容：

——矿山采用的开拓运输方式及开采顺序，分析采场台阶高度、最小工作平台宽度、安全平台宽度等设置的安全可靠性；

——采场边坡进行的工程勘察和稳定性计算，边坡设计参数及边坡类型；

——边坡稳定性评价，设计采取的安全对策措施和建立的边坡安全管理和检查制度及其安全可靠性；

——采场穿孔、装药、爆破、铲装、运输和卸载等工艺设计情况，生产中采取的安全设施。

【条文说明】

设计应依据《金属非金属矿山安全规程》（GB 16423）的相关要求，分析开拓运输方式和开采顺序，台阶高度、最小工作平台宽度、安全平台宽度等的安全可靠性。

露天采场边坡稳定性关系到矿山的安全生产，设计单位应当对设计边坡的稳定性进行计算分析，不是直接引用研究报告的计算过程和结果。

设计中应基于边坡稳定性计算，根据《非煤露天矿边坡工程技术规范》（GB 51016）要求对边坡稳定性进行评价，并根据评价的结果在设计中提出需要采取的安全对策措施，以及需要制定的边坡安全管理和检查制度。

对于穿孔、装药、爆破、铲装、运输和卸载等工艺环节的设计内容，主要应说明其各种工艺参数、与《金属非金属矿山安全规程》（GB 16423）的符合性，并提出为保证安全生产而应采取的措施。应该注意，对于爆破环节仅说明起爆方式、采用的炸药类型和装药的方式即可，无须对炮孔参数、装药系数、连线方式等进行说明。如果设计中采取控制爆破保护最终边坡时，需要对控制爆破的方案进行详细说明。

8.1.4 设计采用自动凿岩系统时，应说明自动作业系统的设备类型及数量、作业范围以及作业时的安全注意事项等。

【条文说明】

自动作业可以提高凿岩作业的本质安全水平，当设计采用的是自动化凿岩系统时，需要对系统情况进行描述，重点是对涉及的安全问题、防护措施和管理要求进行说明。

8.1.5 设计应说明爆破安全允许距离的确定情况，当需要采取安全措施时应予以说明。

【条文说明】

在露天爆破作业时，爆破地点与人员和其他保护对象之间的安全距离，应按各种爆破有害效应（爆破引起的振动、个别飞散物、空气冲击波等）分别核定，并取最大值，爆破安全距离界限的确定及爆破安全措施设置应符合《爆破安全规程》（GB 6722）的相关规定，确保作业安全。当需要采取控制爆破的方式对周边设施进行保护时，应对控制爆破方案进行详细说明。

8.1.6 矿山存在已有采空区、危险区域时，应说明分布情况和设计采取的处理方法，并应分析危险区域对今后开采活动的影响范围和影响程度。

【条文说明】

已有采空区、危险区域会影响露天开采范围的确定，同时露天开采范围内的采空区、危险区域也会对采剥作业造成安全隐患，所以要查明其分布情况，结合处理方案进行开采设计，并对其影响范围和影响程度进行分析，提出处理方法和措施。对于位于开采范围外的采空区，如果距离较近也会对最终边坡的稳定性造成影响，因此也应从对边坡稳定的影响方面分析其影响情况。必要时，可开展专题研究。

8.1.7 留设有矿（岩）体或矿段保护地表构筑（建）物或地下工程时，应列出设计确定的矿（岩）体或矿段位置和厚度，并应说明今后是否回收及回收的时间，必要时应有分析计算。

【条文说明】

因安全或其他因素，设计留设有矿（岩）体或矿段保护地表构筑（建）物或地下工程时，应列出设计确定的矿（岩）体或矿段的保护对象、位置和范围。经技术论证，对存在回收可能的矿体或矿段，设计中应进行说明，并给出回收的时间安排、回采工艺和相应的安全措施。根据保护对象的安全要求，必要时应对留设的矿（岩）体或矿段的安全可靠性进行计算分析。

8.1.8 边坡（含破碎站边坡）不稳定时，应说明处理和加固方法及加固后的稳定性。

【条文说明】

若边坡不稳定，应根据可能的滑动模式对其稳定性进行计算分析，并在此基础上给出不稳固区域的处理和加固方法，保证边坡在矿山开采期间的稳定。

8.1.9 总结概述本节专用安全设施内容时，应列表汇总本节专用安全设施。

【条文说明】

为便于审查，对专用安全设施进行汇总时应采用列表的形式，表中应包括专用安全设施的名称、数量、设置位置等内容。

8.2 采场防排水系统安全设施

8.2.1 根据矿区水文地质条件、气象资料、研究报告，采场防排水系统说明应包括下列内容：

  ——露天采场涌水量估算过程及结果；

  ——采用的排水方式（一段排水、接力排水）和排水系统组成；

  ——排水能力、排水设备、排水管路；

  ——排水系统的控制方式及水位、流量监测系统情况；

  ——受洪水威胁的露天采场地面防洪工程设施的设计情况。

【条文说明】

  根据设计的生产规模，明确设计防洪标准；分别计算设计频率暴雨径流量和正常降雨径流量，地下水最大涌水量和正常涌水量，综合以上成果，说明露天采场涌水量估算过程及结果。

  设计中应分别说明封闭圈上、下采用的排水方式，采用一段排水还是分段接力排水，以及排水系统组成情况。

  依据排水泵、管路等设备选型计算情况，说明排水系统设防排水能力，主要包括排水沟、涵洞等位置、规格，排水设备台数、流量、扬程，排水管路规格、材质，排水控制系统和监测设施等。

  矿区受河流、洪水威胁时，应修筑防洪堤坝，或将河流改道至开采影响范围以外。已有或可能出现滑坡、地面塌陷、开裂区的周围应设置截水沟，防止地表水侵袭。影响矿区安全的落水洞、岩溶漏斗、溶洞等均应严密封闭。常见的地表防洪工程包括河流改道工程、排洪隧洞、截水沟和河床加固工程、露天采场的沉沙池、消能池（坝）等。

8.2.2 当分期建设时应说明各分期设计范围及各分期的基建内容。

【条文说明】

  当矿山开采系统需要分期建设时，为便于不同分期内安全设施的验收，需要在设计中分别明确各分期的基建范围和基建内容。

8.2.3 总结概述本节专用安全设施内容时，应列表汇总本节专用安全设施。

【条文说明】

为便于审查，对专用安全设施进行汇总时应采用列表的形式，表中应包括专用安全设施的名称、数量、设置位置等内容。

8.3 矿岩运输系统安全设施

8.3.1 铁路运输

8.3.1.1 铁路运输说明应包括下列内容：

——运输任务、牵引方式、运输距离、列车组成、列车数量、运行速度、制动距离等；

——铁路运输线路设置及安全设施设置情况，铁路信号设施及调度控制系统。

【条文说明】

说明矿山铁路运输的运输任务、牵引方式、列车组成、列车数量等情况，铁路运输装载站、卸载站总体设置情况。对铁路运输的主要运行参数汇总说明：运输物料、运输距离、运行速度、工作循环时间、同时工作列数、完成任务时间，安全制动距离等。

说明铁路运输线路设置，包括敷设轨型、轨距、线路曲线半径、道岔型号、线路坡度等，对于运输线路的安全线、避让线、制动检查所、线路两侧的界限架、护轮轨、防溜车措施、减速器、阻车器等安全设施设置进行说明。说明铁路信号设施及调度控制系统设置情况，重点论述对铁路运输的安全保障。

8.3.1.2 铁路线布置在巷道内时，应说明铁路运输需要穿过的巷道地质条件、水文条件、岩石条件和可能遇到的特殊困难等，并应说明巷道断面、支护方式和参数、设计的安全设施或者采取的技术措施等。

【条文说明】

露天矿山开采涉及巷道有轨运输时，为保障巷道工程的安全，应对需要穿越的地层进行说明，特别是存在特殊地层时应重点说明地层的特点，并根据工程断面大小给出可靠的支护方式、主要参数以及设计需要采取的特殊技术措施和要求，指导后续的施工建设。此外，还应说明与《金属非金属矿山安全规程》（GB 16423）的符合性：包括巷道两侧的安全间隙、人行道设置情况等。

8.3.1.3 当分期建设时应说明各分期设计范围及各分期的基建内容。

【条文说明】

当铁路运输需要分期建设时，为便于不同分期内安全设施的验收，需要在设计中分别明确各分期的基建范围和基建内容。

8.3.1.4 依据现行的规程和标准，应说明利旧工程的符合性。

【条文说明】

此处利旧工程包括可利用的工程和设施，这里的符合性主要是指技术上的符合性，设计应根据现行的规章、规程和规范性文件的规定内容，对利旧工程的技术符合性进行说明，如果不符合相关要求还应说明对利旧工程的改造措施。

8.3.1.5 总结概述本节专用安全设施内容时，应列表汇总本节专用安全设施。

【条文说明】

为便于审查，对专用安全设施进行汇总时应采用列表的形式，表中应包括专用安全设施的名称、数量、设置位置等内容。

8.3.2 汽车运输

8.3.2.1 汽车运输说明应包括下列内容：

——汽车的规格、数量、车速、防灭火设施等；

——汽车运输线路参数及安全设施设置情况；

——道路边坡的加固和防护措施。

【条文说明】

汽车运输的安全可靠性，主要体现在设计所选择的设备规格与道路参数的合理匹配及特殊路段的安全防护设施的设置上，以及设备本身的安全措施（防火措施）。设计应按照相关规范条款的规定对汽车运输系统的设备数量、设备规格、运行要求、消防设施以及路线上的安全设施进行说明。

8.3.2.2 设计采用卡车智能调度系统时，应说明车辆通信和定位，远程智能调度，车辆运行状态监控和故障应急处理等。

【条文说明】

目前露天矿山开采的卡车智能调度系统已经在多座矿山开始建设和使用，相关技术已经成熟，也积累了大量的经验，为今后的推广应用奠定了基础。因此，为落实矿山自动化减人的要求，鼓励新建、改（扩）建矿山积极采用卡车智能调度系统。当矿山设计采用该系统时，应对系统的相关设计情况进行说明，重点说明系统的安全运行保障措施和应急事件的解决方案。

8.3.2.3 当汽车需要通过巷道运输时，应说明汽车运输需要穿过的巷道的地质条件、水文条件、岩石条件和可能遇到的特殊困难等，并应说明巷道断面、支护方式和参数、设计的安全设施或者采取的技术措施等。

【条文说明】

露天矿山开采涉及巷道无轨运输时，为保障巷道工程的安全，应对需要穿越的地层进行说明，特别是存在特殊地层时应重点说明地层的特点，并根据工程断面大小给出可靠的支护方式、主要参数以及设计需要采取的特殊技术措施和要求，指导后续的施工建设。此外，还应说明与《金属非金属矿山安全规程》（GB 16423）的符合性：包括巷道两侧的安全间隙、人行道设置情况等。

8.3.2.4 当分期建设时应说明各分期设计范围及各分期的基建内容。

【条文说明】

当汽车运输需要分期建设时，为便于不同分期内安全设施的验收，需要在设计中分别明确各分期的基建范围和基建内容。

8.3.2.5 依据现行的规程和标准应说明利旧工程的符合性。

【条文说明】

此处利旧工程包括可利用的工程和设施，这里的符合性主要是指技术上的符合性，设计应根据现行的规章、规程和规范性文件的规定内容，对利旧工程的技术符合性进行说明，如果不符合相关要求还应说明对利旧工程的改造措施。

8.3.2.6 总结概述本节专用安全设施内容时，应列表汇总本节专用安全设施。

【条文说明】

为便于审查，对专用安全设施进行汇总时应采用列表的形式，表中应包括专用安全设施的名称、数量、设置位置等内容。

8.3.3 带式输送机运输

8.3.3.1 带式输送机运输说明应包括下列内容：

——系统功能、类型、数量及总体布置；

——带式输送机的主要参数和主要计算过程；

——输送带安全系数、驱动方式、拉紧方式及带式输送机启停控制方式等。

【条文说明】

说明带式输送机系统所承担矿石、废石运输功能，带式输送机是固定式还是移动式，输送带是普通槽形、大倾角还是其他特种结构，以及带式输送机数量和总体布置情况等。

对带式输送机系统主要参数列表汇总说明，包括各带式输送机输送物料、输送能力，头尾标高、水平长度、提升高度、输送倾角，输送带类型、带宽、带强、带速等基本参数。《金属非金属矿山安全规程》（GB 16423）规定，平硐或者斜井内的带式输送机应采用阻燃型输送带。同时，应说明输送带安全系数，主要滚筒直径，驱动方式与驱动装置设置，拉紧方式与拉紧装置设置情况，带式输送机的启停控制方式等。以带式输送机作为主要运输方式的，应给出输送带安全系数等主要技术参数计算过程。

8.3.3.2 带式输送机布置在巷道内时，应说明巷道穿越地层的工程及水文地质条件、断面布置、支护方式、安全间隙、通风、排水及消防设置情况。

【条文说明】

露天开采涉及巷道内布置带式输送机时，应说明巷道所穿越地层的工程及水文地质条件。结合胶带巷道断面图说明巷道断面布置和支护方式，说明与《金属非金属矿山安全规程》（GB 16423）的符合性：包括胶带机与两侧巷道壁之间距离、人行道设置情况等。说明胶带巷道内通风、收尘、排水、消防等设施设置情况。

8.3.3.3 设计应说明带式输送机系统机电安全保护装置，带式输送机系统的联锁控制、运行监控保护系统等设置情况。

【条文说明】

对照《金属非金属矿山安全规程》（GB 16423）规定，说明带式输送机系统机械、电气安全保护装置和联锁控制、运行监控保护系统等设置情况，包括：装料点和卸料点设空仓、满仓保护装置，输送带清扫装置，防输送带撕裂、断带、跑偏保护装置，防止过速、过载、打滑、大块冲击保护装置，溜槽堵塞保护装置，紧急停车装置和制动装置等，以及线路上的信号、电气联锁控制装置，运行监控保护装置等。对可能发生逆转的上行带式输送机说明防逆转装置设置情况，下行带式输送机说明制动装置和发电工况能量回馈装置设置情况。

安全规程规定安全保护装置设置是最低要求，带式输送机系统应提供不低于安全规程所要求的安全保障。

8.3.3.4 带式输送机主运输系统应实现集中控制、可视化监控。

【条文说明】

带式输送机作为集成机电一体化设备，采用远程集中控制，已在包括矿山的多个行业内广泛应用，技术上已经成熟。因此，基于目前技术现状，为推动矿山智能化建设，实现矿山的本质安全，以带式输送机作为主运输系统的必须采用远程集中控制、可视化监控。设计中应对带式输送机主运输系统的设计情况和可以实现的功能进行说明。

8.3.3.5 带式输送机主运输系统宜实现自动启停控制，系统运行状态分析，各监测参数诊断、预警与保护等，现场无人值守。

【条文说明】

带式输送机作为集成机电一体化设备，已在包括矿山的多个行业内广泛应用。为推动矿山智能化建设，实现矿山的本质安全，鼓励具备条件的矿山对带式输送机主运输系统实现自动启停控制，系统运行状态分析，各监测参数诊断、预警与保护等，现场无人值守。设计中应对带式输送机主运输系统可以实现的功能进行说明。

8.3.3.6 当分期建设时应说明各分期设计范围及各分期的基建内容。

【条文说明】

当带式输送机运输需要分期建设时，为便于不同分期内安全设施的验收，需要在设计中分别明确各分期的基建范围和基建内容。

8.3.3.7 依据现行的规程和标准应说明利旧工程的符合性。

【条文说明】

此处利旧工程包括可利用的工程和设施，这里的符合性主要是指技术上的符合性，设计应根据现行的规章、规程和规范性文件的规定内容，对利旧工程的技术符合性进行说明，如果不符合相关要求还应说明对利旧工程的改造措施。

8.3.3.8 总结概述本节专用安全设施内容时，应列表汇总本节专用安全设施。

【条文说明】

为便于审查，对专用安全设施进行汇总时应采用列表的形式，表

中应包括专用安全设施的名称、数量、设置位置等内容。

8.3.4 架空索道运输

8.3.4.1 架空索道运输说明应包括下列内容：

——设计采用的索道形式、运输物料、设计能力、线路布置、长度与高差、支架数量与高度、跨距等；

——索道货车规格与参数、数量、有效装载量、运行速度、间隔距离、装卸载方式与设备。

【条文说明】

说明设计采用的架空索道形式，运输何种物料，设计能力，整体线路布置情况，包括运输长度与输送高差，线路上支架数量与高度、跨距等主要设计参数。说明采用索道货车规格与参数、数量、有效装载量、运行速度，明确货车间隔距离、装卸载方式与设备配置情况。

8.3.4.2 当分期建设时应说明各分期设计范围及各分期的基建内容。

【条文说明】

当架空索道运输需要分期建设时，为便于不同分期内安全设施的验收，需要在设计中分别明确各分期的基建范围和基建内容。

8.3.4.3 总结概述本节专用安全设施内容时，应列表汇总本节专用安全设施。

【条文说明】

为便于审查，对专用安全设施进行汇总时应采用列表的形式，表中应包括专用安全设施的名称、数量、设置位置等内容。

8.3.5 斜坡提升运输

8.3.5.1 斜坡提升运输说明应包括下列内容：

——系统功能、类型（箕斗、台车、矿车、串车提升）、数量及总体布置；

——提升容器、钢丝绳、提升机、电机等主要参数。

【条文说明】

概括说明斜坡提升运输所承担的功能，如矿废石提升、设备、材料提升等；采用提升系统的类型，如箕斗、台车、矿车、串车提升等；提升系统数量以及总体布置情况，所服务中段标高等。

对斜坡提升系统的主要参数列表汇总说明，包括：提升任务、提升高度、提升长度、提升倾角、提升方式，提升容器（箕斗、台车、矿车）参数，提升物料载重、矿车数量和载量，提升钢丝绳型式、规格参数（直径、单重、抗拉强度、破断拉力总和）、安全系数，钢丝绳仰角、偏角，卷筒上绳槽型式和钢丝绳在卷筒上的缠绕层数，提升机、电机规格和主要参数，提升速度、加减速度，提升机卷筒、天轮的直径、与钢丝绳直径比，提升系统钢丝绳最大静张力和静张力差等。

对斜坡提升系统，钢丝绳安全系数、倾角较小斜坡的自然减速度等主要技术参数应给出计算过程。倾角较小的斜坡，其制动减速度要小于自然减速度，以避免松绳。

8.3.5.2 设计应说明提升机制动系统、控制系统及其主要功能，提升系统联锁控制、运行监控保护系统等。

【条文说明】

制动系统、控制系统对于斜坡提升运输的安全至关重要，结合《金属非金属矿山安全规程》（GB 16423）相关要求说明：提升机制动系统设置情况及其主要功能，如自动和手动制动、工作制动和安全制动的功能等；提升机机电控制系统设置情况及其主要功能，提升系统联锁控制、运行监控保护系统设置情况及其主要功能，包括安全规程所要求的各项控制保护和联锁等。说明提升系统的电气控制和监测监控功能满足安全要求、符合工程需要，着重论述提升制动系统、控制系统、联锁保护的安全可靠性。

8.3.5.3 主要提升系统应实现集中控制、可视化监控。

【条文说明】

提升系统为高度集成机电一体化装备，在矿山领域应用广泛，技术成熟。为推动矿山智能化建设，实现矿山的本质安全，以斜坡提升运输作为主要提升系统的必须采用集中控制、可视化监控。设计中应对主要提升系统的设计情况和可以实现的功能进行说明。

8.3.5.4 当分期建设时应说明各分期设计范围及各分期的基建内容。

【条文说明】

当斜坡提升运输需要分期建设时，为便于不同分期内安全设施的验收，需要在设计中分别明确各分期的基建范围和基建内容。

8.3.5.5 依据现行的规程和标准应说明利旧工程的符合性。

【条文说明】

此处利旧工程包括可利用的工程和设施，这里的符合性主要是指技术上的符合性，设计应根据现行的规章、规程和规范性文件的规定内容，对利旧工程的技术符合性进行说明，如果不符合相关要求还应说明对利旧工程的改造措施。

8.3.5.6 总结概述本节专用安全设施内容时，应列表汇总本节专用安全设施。

【条文说明】

为便于审查，对专用安全设施进行汇总时应采用列表的形式，表中应包括专用安全设施的名称、数量、设置位置等内容。

8.3.6 溜井及破碎系统

8.3.6.1 溜井及破碎系统说明应包括下列内容：

——溜井及破碎系统组成和配置情况；

——破碎站设置形式（固定、半移动、移动）与数量，破碎站的给料设备、破碎设备主要参数；

——溜井底放矿硐室安全通道、通风设施、井口安全挡车设施、格筛设置情况。

【条文说明】

说明溜井及破碎系统的组成和总体配置情况，包括分布数量、标高、型式等。说明采用固定、半移动、移动破碎站等形式与数量，破碎站的给料设备、破碎设备主要规格参数、设备能力等。说明溜井底部的放矿硐室安全通道设置情况，以及井口安全挡车设施、格筛设置情况。

8.3.6.2 设计应说明溜井及破碎系统、运输系统联锁控制情况。

【条文说明】

说明溜井、破碎系统、运输系统联锁控制情况，包括设备启停顺序、料位检测报警等。

8.3.6.3 溜井及破碎系统宜实现远程控制、可视化监控。

132

【条文说明】

为推动矿山智能化建设，实现矿山的本质安全，鼓励具备条件的矿山对溜破系统实现远程控制、可视化监控。设计中应对溜破系统可以实现的功能进行说明。

8.3.6.4 当分期建设时应说明各分期设计范围及各分期的基建内容。

【条文说明】

当主溜井及破碎系统需要分期建设时，为便于不同分期内安全设施的验收，需要在设计中分别明确各分期的基建范围和基建内容。

8.3.6.5 总结概述本节专用安全设施内容时，应列表汇总本节专用安全设施。

【条文说明】

为便于审查，对专用安全设施进行汇总时应采用列表的形式，表中应包括专用安全设施的名称、数量、设置位置等内容。

8.4 特殊开采条件下的安全措施

8.4.1 对于高温、高寒、高海拔、多雨、冻融条件的矿床及有老窿、采空区、塌陷区、溶洞等特殊条件的矿床，应说明采取的安全对策措施，并应分析露天开采的安全可靠性。

【条文说明】

特殊条件下进行开采，会对采剥工作、采场及排土场边坡的稳定性及作业人员身体机能等造成不利影响。因此，针对不同的特殊开采条件，应结合外部条件和采场的具体情况，进行相应的定性分析或定量计算，分析特殊开采条件对矿山开采的影响，说明采取的安全对策措施，分析措施的可靠性。

8.4.2 地下开采改为露天开采时，应说明对地下巷道和采空区的处理方法、对塌陷区及影响范围内采取的安全对策措施，并应分析其安全可靠性。

【条文说明】

地下开采转为露天开采时，井下已经存在的采空区或井巷工程会对露天生产造成安全隐患。因此，必须首先查清地下巷道、采空区的分布和状态，并根据露天开采范围和与已有井巷工程、采空区的位置关系，分析井巷工程和采空区对露天开采的影响。设计中应根据分析结果说明采取的处理方法、措施和时间安排，并对处置措施的安全可靠性进行计算分析。必要时需专题论证。

8.4.3 露天与地下同时开采时，应说明露天采场边坡角、露天采场与地下各采区的位置关系、开采顺序、爆破作业及避免其相互影响采取的安全对策措施，并应分析其安全可靠性。

【条文说明】

露天与地下同时开采时，为保证各采区的回采安全，设计中需要说明露天采场与地下各采区的位置关系、露天边坡角、地下矿山的开采顺序以及爆破作业时的安全措施等情况，并根据设计情况分析露天与地下开采之间的影响程度和生产中需要采取的安全措施，必要时需专题论证。

8.4.4 总结概述本节专用安全设施内容时，应列表汇总本节专用安全设施。

【条文说明】

为便于审查，对专用安全设施进行汇总时应采用列表的形式，表中应包括专用安全设施的名称、数量、设置位置等内容。

8.5 矿山基建进度计划

8.5.1 设计应说明基建工程内容、工程量和工期。

【条文说明】

基建进度计划是矿山开展工程建设的主要依据文件，设计应根据矿山实际的工程、水文地质条件，结合装备水平及基建工程量，合理确定基建工期。若设计中为加快基建进度增设了相应的措施工程，也应在该部分进行说明。

对于改扩建矿山，本节还应说明基建和生产之间的相互影响情况，以及设计采取的安全措施情况。

8.5.2 当分期建设时应说明各分期的基建工程内容、工程量和工期。

【条文说明】

当矿山开采系统需要分期建设时，为便于不同分期内安全设施的验收，需要在设计中分别明确各分期的基建范围、基建内容和基建时间安排。

8.6 供配电安全设施

8.6.1 当分期建设时应说明各分期供配电安全设施设计范围及各分期的基建内容。

当矿山供配电系统需要分期建设时,为便于不同分期内安全设施的验收,需要在设计中分别明确各分期的基建范围和基建内容。

8.6.2 电源、用电负荷及供配电系统说明应包括下列内容:

——向矿山供电的地区变配电站设施及供电电压、可供容量、距离,供电线路截面、长度、回路数、负载能力;

——矿山的总负荷和露天采矿负荷;

——矿山主变电所的地理位置、所址防洪设计高度、变电所布置和主接线型式,以及主变压器容量、台数选择等;

——矿山总降压变电所供电系统接线,矿山供配电系统安全可靠性分析,正常及事故情况下的运行方式。

——高、低压供配电系统中性点接地方式;

——露天采场供配电系统的各级配电电压等级。

(1)矿山外部电源和供电线路的可靠性对矿山安全生产至关重要。供电电压、供电线路截面、长度与供电容量有关。在安全设施设计中应进行相关的说明。

根据非煤露天矿山的生产实际特点,停电不会引发人身伤亡,《金属非金属矿山安全规程》(GB 16423)就生命安全没有规定不允许停电的用电设备,没有规定露天采场排水泵为一级负荷。供电系统若按一级负荷要求设计的非煤露天矿山,应在安全设施设计中说明外部供电电源是否为双重电源,并对一级负荷供电进行安全可靠性分析;当外部电源不能满足双重电源要求的,应设置自备电源,自备电源的容量应能满足一级负荷的需要。

审查的重点是地区变配电站可向本工程供电的容量、供电线路回路数、截面是否符合规范要求。非煤露天矿山供电系统若按一级负荷要求设计时，应说明外部电源是否为双重电源，当外部电源不能满足双重电源要求时，是否设置了自备电源，自备电源的容量和可靠性是否能满足一级负荷的需要。

（2）要求提供总的矿山负荷计算结果（可不附计算过程），目的是对主变压器容量及台数加以验证。露天矿用电计算负荷应单独列出，必要时应将采矿与选矿、一期与二期等负荷区分开来；用电负荷是选择地表向采场供电线路截面的依据之一。

（3）从矿山主变电所的地理位置、所址的防洪设计高度、变电所布置和主接线型式，以及根据矿山的总负荷计算结果选择的主变压器容量、台数选择等方面分析矿山供配电系统是否安全可靠。说明矿山供配电系统正常及事故情况下的运行方式，对一级负荷及保安负荷的供电方式。矿山总降压变电所位置及主变台数、容量应按相关规定考虑。

审查重点是总降压变电所位置、主变压器容量及台数，设置二台及以上变压器时，如一台停止运行，其余变压器容量是否符合规范要求，非煤露天矿山供电设计若按一级负荷设计时，一级负荷及保安负荷的供电方式。排水系统供电线路的回路数、截面是否符合规范要求。

（4）高、低压供配电系统中性点接地方式与供电的连续性、接地故障电流有关，系统发生单相接地时产生的故障电压、接触电压与人身安全有关。安全设施设计中应对高、低压供配电系统中性点的接地方式进行说明。

各级电压供配电系统的中性点接地方式，应根据矿山企业对供电不间断的要求、单相接地故障电压对人身安全的影响、单相接地电容电流大小、单相接地过电压和对电气设备绝缘水平的要求等条件选择。

审查重点是向采场供电的 6 kV 或 10 kV 系统的中性点接地方式、低压配电系统不同接地型式的保护设置是否符合规范要求。

（5）为满足露天采场供配电系统的安全，各级配电电压应满足相关要求。

审查重点是采场及排土场高压配电电压、手持电气设备的电压、照明电压、行灯电压、牵引网络电压是否符合规范要求。

8.6.3 电气设备、电缆选择校验及保护措施说明应包括下列内容：

——短路电流计算结果及供配电装置、主要电力元器件、电力电缆等高压设备的校验结果；

——露天采场各用电设备和配电线路的继电保护装置设置情况和保护配置；

——地面直流牵引变电所电气保护设施、直流牵引网络安全措施；

——牵引变电所接地设施；

——向露天采场供电的线路截面、回路数以及电缆型号；

——地表架空线转电缆处防雷设施；

——露天采场高、低压供配电设备类型和高、低压电缆类型。

【条文说明】

（1）电气开关的分断能力可在短路时为可靠断开故障回路提供保障，保护受电设备和供电电缆，避免事故范围扩大。审查重点是依据短路电流计算结果校核电气开关器件的设置分断能力。

（2）继电保护装置是保护受电设备、供电电缆以及人身安全的必备设施，设计时应说明其设置。审查重点是各用电设备和配电线路继电保护的设置是否符合规范要求。

（3）地面直流牵引变电所电气保护设施、直流牵引网络安全措施应满足《金属非金属矿山安全规程》（GB 16423）的相关规定。审查重点是牵引变电所出线开关型式、直流接地保护、接触线最大弛度时距轨面高度、整流装置、直流配电装置金属外壳的接地措施是否符合规范要求。

（4）要求说明露天采场供电的线路截面、回路数以及电缆型号，其主要目的是判断露天采场供电线路容量及供电的安全、可靠性是否满足露天采场供电的安全要求。审查的重点是由总降压变电所引至采场的供电线路回路数和线路截面、移动式高压电气设备供电线路的单相接地保护措施、采场架空供电线路防雷电过电压的措施是否符合规范要求。

（5）露天矿山环境多尘，受阳光照晒、雨淋，电气设备应为户外型。向采场移动式设备供电的电缆应为矿用型橡套软电缆，并应满足相关规程的要求。审查的重点是采场高、低压供配电设备类型是否适合采场环境，高、低压电缆类型是否符合规范要求。

8.6.4 电气安全保护措施说明应包括下列内容：

——保护接地及等电位联接设施、采场低压配电系统故障防护措施；

——裸带电体基本防护设施；

——爆炸危险场所电机车轨道电气的安全措施；

——露天采场照明设施及变配电设施应急照明设施；

——地面建筑物防雷设施。

【条文说明】

（1）保护接地和等电位联接是防止供配电系统发生接地故障时人员受到电击的重要防护措施，应按现行的《金属非金属矿山安全规程》（GB 16423）规定设计。审查的重点是采场配电系统的故障防护设施、主接地极的设置、接地电阻值、架空接地线的设置、移动式电气设备的接地方法，以及等电位联接设施、裸带电体基本防护设施是否符合规范要求。

（2）为防止爆炸危险场所的轨道中有电流产生电火花，应严禁利用有爆炸危险场所的轨道作为回流导体；采用电引爆的矿山，通向爆破区的轨道，在爆破期间严禁作为回流导体，并应采取在爆破期间能断开轨道电流的安全措施。审查重点是爆炸危险场所的轨道绝缘措施是否符合规范要求。

（3）设计中应根据矿山特点和现行《金属非金属矿山安全规程》（GB 16423）的要求，对于夜间作业的采场及排土场，应设计照明设施。并应在配变电所、监控室、生产调度室、通信站和网络中心、矿山救护值班室设置应急照明。审查的重点是夜间工作的采场和排土场是否按规范要求设置了照明装置，规定地点是否设置了应急照明。

（4）为预防和减少雷击对地面建筑物的损害，建筑物设计时应考虑雨季雷电的影响，并按建筑物防雷类别，采取相应的防雷措施，设置相应的防雷设施。审查重点是高大建筑物的防雷分类及防雷措施是否符合规范要求。

8.6.5 设计应说明采场排水系统的供配电系统情况。

【条文说明】

露天采场的排水系统排水泵及管线为露天矿重要的生产及安全设施，当露天矿排水系统的供电设计按一级负荷设计时，应确保由双重电源供电，在安全设施供配电系统设计时应进行说明。双重电源两回路供电线路中，当任一回路停止供电时，其余回路的供电能力应能承担最大排水负荷。审查重点是排水系统的供电线路的回路数、截面是否符合规范要求。

8.6.6 智能供配电系统说明应包括下列内容：

——智能供配电监控系统对供配电系统内各级配电电压的设备的监测和控制；

——智能供配电监控系统的层级及网架架构、各层级及网络主要设备；

　　——智能供配电监控系统的配套软件组成；

　　——通过应用智能供配电监控系统，在供配电系统中实现智能诊断、智能配电、智能调节的情况。

【条文说明】

　　智能供配电系统是实现智能矿山的重要系统之一，对矿山安全可靠运行有十分重要的意义。矿山应根据实际供配电系统的建设方案，以保障人身健康和生命财产安全、满足矿山供配电管理的基本需要为原则，合理规划智能供配电系统的建设。

　　一般来说，矿山供配电系统是电网的用户端系统，本款所说智能供配电系统包括从电源进线到电力变压器，再到用电设备之间，在矿山区域内电能进行传输、分配、控制、保护、电能管理以及服务的所有设备及系统。

　　矿山建设智能供配电监控系统，对矿山供配电系统内各级配电电压的设备进行监测和控制，实现电能分配，电能计量，无功补偿，各供配电设备信息的自动测量、采集、保护、监控等功能，具有"信息化、自动化、互动化"的智能化特征，是智能矿山系统的一个相对独立部分。

　　设计中需要对智能供配电监控系统的层级及网架架构、各层级及网络主要设备、智能供配电监控系统的配套软件组成以及通过应用智能供配电监控系统，供配电系统智能诊断、智能配电、智能调节的实现情况进行说明。

8.6.7　总结概述本节专用安全设施内容时，应列表汇总本节专用安全设施。

【条文说明】

　　为便于审查，对专用安全设施进行汇总时应采用列表的形式，表

中应包括专用安全设施的名称、数量、设置位置等内容。

8.7 智能矿山及专项安全保障系统

8.7.1 智能矿山

8.7.1.1 鼓励建设智能化矿山，提升矿山本质安全。

【条文说明】

国家鼓励企业建设智能化矿山。智能化矿山的建设，是一个涉及管理和各相关专业的复杂系统，应坚持"总体规划、分步实施、因矿施策、效益优先"的原则。

8.7.1.2 智能矿山的设计情况说明应包括智能矿山的设计原则、范围和内容，智能矿山实施计划和实施效果。

【条文说明】

按智能化目标建设的矿山，应简要说明智能矿山建设实施计划、总体框架、智能矿山平台建设、智能矿山的层级结构，包括管理层、网络（传输）层、执行层等；并应在各对应章节或集中在本节说明智能矿山工艺及装备自动化的设计情况，包括排水、运输、破碎等系统及固定设施无人值守系统，如供配电系统设计情况和实施效果。一般来说，智能化矿山总体框架应由智能矿山综合管控与调度平台（含地质保障、智能调度、设备管控等）、管理与决策（含生产信息管理、经营信息管理、决策支持）、基础网络设施（包括传输网络、数据中心、调度中心、硬件系统、软件系统等）、智能生产工艺、安全与环境监控等业务模块构成。

设计中应根据矿山生产进度，明确基建期和生产期分别需完成的智能矿山建设内容。

8.7.1.3 矿山应建设安全管理信息平台，说明应包括下列内容：

——矿山发生灾害时，快速、及时调用各系统的综合信息为安全避险和抢险救护提供决策支持情况；

——项目安全危害因素的事前预警情况。

【条文说明】

矿山应根据生产监控、管理信息系统和通信系统现状及建设需求，建设安全管理信息平台，对矿山必须设置的监测监控系统、通信联络系统（见8.7.2.1款）等纳入该平台。说明矿山发生危险或灾害时，对快速、及时调用各系统的综合信息为安全避险和抢险救护提供决策支持作用，实现生产人员自救、逃生、避灾等整体避险功能；说明项目安全危害因素的事前预警情况，如安全防范等对露天开采综合防灾的作用。

重点说明矿山安全管理信息平台以有效防范化解重大安全风险为目标，对矿山安全管理、安全生产的作用，如固定设施无人值守及远程监控等的作用，以及物料和人员交通运输安全、排土场边坡安全、工业场地安全、安全风险预控管理的作用。

8.7.2 矿山专项安全保障系统

8.7.2.1 矿山应建立通信联络和监测监控系统。

【条文说明】

通信联络系统可以保障矿山生产调度，并实现发生事故后紧急通知的快速传达；监测监控系统能够保证正常生产，并实现各类风险的提前预警。通信联络和监测监控系统对于矿山安全都具有重要的作用，因此，露天矿山安全设施设计中应按照规程规范要求设置有效的通信联络和监测监控系统。

8.7.2.2 当分期建设时应说明各分期设计范围及各分期的基建工程

内容。

当通信联络系统和监测监控系统需要分期建设时，为便于不同分期内安全设施的验收，需要在设计中分别明确各分期的基建范围和基建内容。

8.7.2.3 通信联络系统说明应包括下列内容：

——通信种类、通信系统的设置、通信设备布置、运输道路信号系统的设备布置、电缆敷设、设备防护等，及其安全可靠性分析；

——总结概述本节专用安全设施内容，并应列表汇总本节专用安全设施。

通信联络系统主要为矿山生产提供指挥调度，同时也可在矿山发生突发事件时，及时通知作业人员尽快组织抢救、撤离或就近避险等，保证矿山有序地应对各类事故，降低事故等级。安全设施设计中应按照提纲要求对露天矿山的通信系统的设计情况进行说明。

为便于审查，对专用安全设施进行汇总时应采用列表的形式，表中应包括专用安全设施的名称、数量、设置位置等内容。

8.7.2.4 监测监控系统说明应包括下列内容：

——露天边坡、排土场边坡及截排水系统安全相关的监测系统；

——根据边坡安全监测等级划分，说明边坡变形、采动应力、爆破振动、水文气象、水位与流量及场内视频的监测情况；

——高度超过200 m的露天边坡建立的边坡在线监测系统，及边坡重点监测位置及监测点布置图；

——建立的排土场稳定性监测制度，边坡高度超过200 m时的边坡稳定在线监测系统及防止发生泥石流和滑坡的措施；

——总结概述本节专用安全设施内容，并应列表汇总本节专用安全设施。

【条文说明】

露天矿山生产中面临的主要风险是露天边坡和排土场边坡的稳定性。《金属非金属矿山安全规程》（GB 16423）也规定：高度超过 200 m 的露天边坡应进行在线监测，对承受水压的边坡应进行水压监测；边坡高度超过 200 m 的排土场，应设边坡稳定监测系统。因此，设计中应结合规程规范和规范性文件的要求，重点说明对边坡的监测监控系统设置情况。一般情况下，露天矿山需要在开采到一定阶段后才能实施相关边坡监测设施，因此允许整体设计、分期实施，设计中应明确分期实施监测设施的时间节点以及其他的相关条件。

设计应根据《非煤露天矿边坡工程技术规范》（GB 51016）、《金属非金属露天矿山高陡边坡安全监测技术规范》（AQ/T 2063）要求，确定边坡监测等级，设计边坡监测内容，说明边坡变形、采动应力、爆破振动、水文气象、水位与流量及场内视频监测的监测点布置、仪器设备配置以及监测预警要求。

为便于审查，对专用安全设施进行汇总时应采用列表的形式，表中应包括专用安全设施的名称、数量、设置位置等内容。

8.8 排土场（废石场）

8.8.1 排土场（废石场）部分说明应包括下列内容：

——周边设施与环境条件，排土场选址与勘察、排土场容积、等级、安全防护距离、排土场防洪及对应的安全对策措施；

——排土工艺、服务年限、排岩计划、设备选择等；

——运输道路、台阶高度、总堆置高度、平台宽度、总边坡角等设计参数。

露天矿山的排土场（废石场）一般情况下规模较大，其场址选择会影响矿山和周边区域的安全，因此在安全设施设计中应对排土场的选址情况、周边环境、勘查情况、设计参数进行说明。为避免排土场影响下游居民或其他设施的安全，排土场的安全防护距离应根据下游主要设施、场地、居住区等的防护对象、排土场等级、防护工程、采取安全措施等综合确定。在雨季特别是降雨量大的地区，降雨引发的洪水往往会对排土场的稳定性造成较大安全影响。因此，安全设施设计中应详细说明排土场工程地质勘察报告分析内容，对排土场工程地质分区，重点说明软弱地基区域分布情况及主要应对措施；同时还应根据周边环境情况和降雨情况说明设计采取的安全防护措施和防洪措施。

对排土场（废石场）的主要排土工艺、设备和主要参数进行说明，主要目的是对排土场进行总体描述，便于对排土场整体情况进行把握，有利于判断相关设计内容的安全符合性。

8.8.2 排土场（废石场）安全稳定性计算分析应考虑不同的堆积状态条件，并应对参数选取、资料的可靠性等方面进行说明。

排土场（废石场）安全稳定性计算分析是设计中的重要内容，也是排土场设计参数确定的重要依据。排土场区工程地质、水文地质勘查需满足初步勘察要求，设计中应对勘查资料的可靠性进行判断说明。排土场稳定性计算应分别考虑自然、降雨及地下水、地震或爆破震动三种工况，采取极限平衡法与数值模拟计算方法进行综合分析。如果前期开展了专门的排土场稳定性分析研究，可对研究报告的主要内容和结论进行说明和评述，并说明设计中的采用情况。

8.8.3 根据排土工艺和安全稳定性提出的安全对策措施可包括地基处理、截（排）水设施、底部防渗设施、滚石或泥石流拦挡设施、坍塌与沉陷防治措施和边坡监测、照明、道路护栏、挡车设施等。

【条文说明】

在选定的排土场（废石场）进行排弃工作前，若存在不良地质条件，必须进行地基处理，采取的处理措施应在设计中进行说明。由于排土场（废石场）堆放物料的特殊性，防排水及防泥石流工作对于其自身安全也非常重要，发生事故后直接影响其下游区域的安全，设计中应对防止洪水、泥石流、滚石等采取的措施进行说明，例如废石堆表面坡向和坡度应保证排水和废石堆本身的稳定性，堆积废石时必须给洪水留出足够的通道，山沟中的废石场应设置截洪沟保证排洪功能，设置滚石和泥石流拦挡设施，提出坍塌与沉陷防治措施等。为保证废石运输和排土作业过程中的安全，设计中还应对运输和排土作业的安全设施进行说明，如夜间照明、道路拦护、挡车设施等。为便于随时监测排土场的安全状态，设计中应对边坡的监测制度进行说明；当边坡高度超过150 m时，还应说明边坡稳定性监测系统的设计情况。

8.8.4 不设排土场（废石场）时，应说明废石去向。

【条文说明】

由于露天废石量较大，建议矿山设计时优先考虑综合利用。如果废石可以资源化利用，不需设置排土场（废石场）时，在设计中应对废石的去向进行说明。

8.8.5 当分期建设时应说明各分期设计范围及各分期的基建内容。

【条文说明】

当矿山排土场需要分期建设时，为便于不同分期内安全设施的验收，需要在设计中分别明确各分期的基建范围和基建内容。

8.8.6 总结概述本节专用安全设施内容时，应列表汇总本节专用安全设施。

【条文说明】

为便于审查，对专用安全设施进行汇总时应采用列表的形式，表中应包括专用安全设施的名称、数量、设置位置等内容。

8.9 总平面布置

8.9.1 露天开采的保护与监测措施

8.9.1.1 采用露天开采的矿山，应计算说明工业场地内建（构）筑物与爆破危险区界线安全距离；开采爆破影响地表设施时，应说明采取的相关安全保护与监测措施。

【条文说明】

露天矿山生产过程中爆破振动和飞石会对周边的设施造成伤害，本节应根据"露天采场"章节中确定的露天生产的爆破警戒线划定范围，并说明应采取的搬迁、留设矿柱或其他有效防护措施等。

8.9.1.2 当分期建设时应说明各分期设计范围及各分期的基建内容。

【条文说明】

当矿山地表影响范围的设施分期建设时，为便于不同分期内安全设施的验收，需要在设计中分别明确各分期的基建范围和基建内容。

148

8.9.1.3 总结概述本节专用安全设施内容时，应列表汇总本节专用安全设施。

【条文说明】

为便于审查，对专用安全设施进行汇总时应采用列表的形式，表中应包括专用安全设施的名称、数量、设置位置等内容。

8.9.2 工业场地安全设施

8.9.2.1 工业场地的安全性应根据矿区场地勘探报告、地形地貌、自然条件、周边环境、地质灾害影响、地表水系、当地历史最高洪水位等方面进行分析；当地表设施受到相关潜在威胁时，应说明为消除这种威胁设计采取的有效措施。

【条文说明】

矿山一般位于山区，工业场地面临的风险因素较多。此外，矿山建成投产后一般服务期均较长，工业场地一旦选定之后生产中难以改变。因此，在设计中一定要慎重考虑各种危险因素，有效避开各种自然灾害（如滑坡、洪水、不宜建厂的不良地质条件等）的威胁，保证相关设施在矿山生命周期内的安全。有时由于地形条件所限，工业场地无法有效避开自然灾害的威胁，则应根据灾害特点，采取有效措施进行防护，保证工业场地的安全。

8.9.2.2 当工业场地周边存在边坡时，应说明边坡参数、工程地质勘查情况和边坡的安全加固措施。

【条文说明】

工业场地周边存在边坡，特别是有高边坡时，一旦失稳会对工业场地和人员造成较大伤害。因此，设计中应依据边坡高度、坡度和工程地质条件对边坡的稳定性进行分析，当边坡需要加固时，设计还应说明采取的具体加固措施。

8.9.2.3 根据项目需要应说明为保证露天开采和工业场地安全设计的河流改道及河床加固（含导流堤、明沟、隧洞、桥涵等）、地表截排水（地表截水沟、排洪沟/渠、拦水坝、台阶排水沟、截排水隧洞等）等工程设施。

【条文说明】

矿区受河流、洪水威胁时，应在露天坑周边修筑防洪堤坝，或将河流改道至开采影响范围以外，防止地表水灌入露天坑内。常见的地表防排水工程包括河流改道工程、排洪隧洞、截水沟和河床加固工程等。有些情况下，只有在矿山开采到一定阶段后才需要实施河流改道工程。这种情况下，安全设施设计中应包括矿山全周期的防排水设施，并应明确实施这些工程的时间节点以及其他的相关条件。

8.9.2.4 当分期建设时应说明各分期设计范围及各分期的基建内容。

【条文说明】

当矿山地表防排水设施分期建设时，为便于不同分期内安全设施的验收，需要在设计中分别明确各分期的基建范围和基建内容。

8.9.2.5 总结概述本节专用安全设施内容时，应列表汇总本节专用安全设施。

【条文说明】

为便于审查，对专用安全设施进行汇总时应采用列表的形式，表中应包括专用安全设施的名称、数量、设置位置等内容。

8.9.3 建（构）筑物防火

8.9.3.1 建（构）筑物防火部分应说明工业场地内各建筑物的火灾危险性、耐火等级、防火距离、厂区内消防通道和消防用水水量、水压、消防水池、供水泵站及供水管路设置情况等。

【条文说明】

矿山工程地表建（构）筑物主要是指采矿工业场地内各类建筑物，例如驱动站、仓库、维修车间、办公楼等。这类建（构）筑设计时应考虑防火要求，减少火灾的影响。设计中应严格按照相关规范要求，对耐火等级、防火距离和消防设施进行设计。

8.9.3.2 总结概述本节专用安全设施内容时，应列表汇总本节专用安全设施。

【条文说明】

为便于审查，对专用安全设施进行汇总时应采用列表的形式，表中应包括专用安全设施的名称、数量、设置位置等内容。

8.10 个人安全防护

8.10.1 设计应说明矿山为员工配备的个人防护用品的规格和数量。

【条文说明】

作业人员个人防护用品是作业人员安全的最后一道防护，也是遇险人员自救的仅有工具，其重要程度不言而喻，安全设施设计中应为矿山作业人员配备足额合格的个人防护用品。

8.10.2 总结概述本节专用安全设施内容时，应列表汇总本节专用安全设施。

【条文说明】

为便于审查，对专用安全设施进行汇总时应采用列表的形式，表中应包括专用安全设施的名称、数量、设置位置等内容。

8.11 安全标志

8.11.1 设计应说明矿山在各生产地点设置的矿山、交通、电气等安全标志情况。

【条文说明】

安全标志能够提醒警示矿山作业人员，很大程度上可以减少安全事故的发生。矿山不同工作地点，其危险因素不同，因而设置的安全标志也不相同。设计时可根据项目特点对重点工作区域的安全标志设置情况进行说明。

8.11.2 总结概述本节专用安全设施内容时，应列表汇总本节专用安全设施。

【条文说明】

为便于审查，对专用安全设施进行汇总时应采用列表的形式，表中应包括专用安全设施的名称、数量、设置位置等内容。

9 安全管理和专用安全设施投资

9.1 安全管理

安全管理部分说明应包括下列内容：

——对矿山安全生产管理机构设置、部门职能、人员配备的建议及矿山安全教育和培训的基本要求，并应列出劳动定员表；

——矿山应设置的专职救护队或兼职救护队的人员组成及技术装备；

——矿山应制定的针对各种危险事故的应急救援预案。

【条文说明】

露天矿山在生产中面临着诸多风险，管理不当易发生事故，甚至重大人员伤亡事故。因此，设计中应该根据规程规范和规范性文件的相关要求和矿山的实际特点制定完备的安全管理体系和安全管理机构，并定期开展安全教育和培训，配备满足生产安全需要的专业和管理人员，以保障矿山生产安全。

《金属非金属矿山安全规程》（GB 16423）规定，矿山应设立矿山救护队，设立兼职救护队时应与就近的专业矿山救护队签订救护协议。安全设施设计中应根据矿山能力和技术力量，对救护队人员组成和技术装备的设置情况进行说明，当设立兼职救护队时还应说明救护协议的签订情况。

事故发生后，为保证矿山能迅速高效地开展救援工作，应急预案是必不可少的，在安全设施设计中应根据矿山的特点提出矿山应制定的应急预案。矿山的主要应急预案可包括但不限于以下方案：安全生产事故综合应急救援预案、边坡失稳事故应急预案、爆破事故应急预案、触电事故应急预案、提升事故应急预案、车辆伤害事故应急预案、机械伤害事故应急预案、地质灾害应急预案、高处坠落事故应急预案、水害事故应急预案等。

对于改扩建项目，设计中要描述现有机构和人员配置情况，并评价是否满足后续安全生产要求，不满足要求时应根据矿山实际情况，提出需要增设的机构和人员数量、专业、职称等具体要求，不能仅做原则性说明。

9.2 专用安全设施投资

根据《金属非金属矿山建设项目安全设施目录（试行)》（国家安全监管总局令第75号）的规定，应对本项目设计的全部专用安全设施的投资进行列表汇总，相关内容见表2。

表2 专用安全设施投资表

序号	名 称	描 述	投资 万元	说 明
1	露天采场所设的边界围栏	列出本项工程专用安全设施的内容名称，下同		
2	铁路运输			
3	汽车运输			
4	带式输送机运输			有多条时应分别列出
5	架空索道运输			有多条时应分别列出
6	斜坡卷扬运输			有多条时应分别列出
7	破碎站			有多个时应分别列出
8	排土场（废石场）			有多个时应分别列出
9	供、配电设施			
10	监测设施			
11	为防治水而设置的水位和流量监测系统			
12	矿山应急救援器材及设备			
13	个人安全防护用品			
14	矿山、交通、电气安全标志			
15	其他设施			

采用表格的形式汇总列出矿山专用安全设施及投资情况。本表可参考《金属非金属矿山建设项目安全设施目录（试行）》（国家安全生产监督管理总局令第 75 号）的内容，并结合项目的实际情况进行填写。因基本安全设施具有生产功能，如果设计中缺失，则生产无法进行，其投资计入生产设施，所以新建矿山项目的安全投资只计算其专用安全设施部分。

10 存在的问题和建议

设计应提出设计单位能够预见的在项目实施过程中或投产后，可能存在并需要矿山解决或需要引起重视的安全问题及解决建议。

设计应提出基础资料影响安全设施设计的问题及解决建议。

设计应提出在智能矿山建设方面应开展的相关工作的建议。

【条文说明】

在设计中可能由于一些基础资料缺失或暂时没有途径获得，因而设计中的部分参数或工艺是暂时根据设计单位的经验或借鉴同类矿山确定的，这些设计内容还需要在基建中进一步取得相关资料或验证的基础上进行完善。对此，设计中应明确说明。另外，对设计阶段无法确定的潜在风险因素，也应在此提示并提出建议，指导和提示矿山如何在生产中进行防范或开展相关研究工作。

安全设施设计是在取得相关资料的基础上进行的，如果基础资料不准确或发生变化，则原设计的内容可能不能满足新的变化，需要根据情况变化调整工艺方案或相关安全设施。设计中应对此类问题进行说明，并提出相关建议。

智能矿山是当前矿山开采发展的重要趋势，可以有效减少矿山作业人员数量，对于实现矿山的本质安全至关重要。因此，鼓励有条件的矿山大力推进智能矿山建设，逐步实现少人化甚至无人化开采，从根本上消除人员伤亡事故。设计中应根据矿山情况，提出今后应在智能矿山方面进行相关工作的建议。

11 附件与附图

11.1 附件

安全设施设计依据的相关文件应包括采矿许可证的复印件或扫描件。

【条文说明】

附件中应包括采矿许可证的复印件或扫描件，设计中可以根据设计情况适当增加相关附件，主要可包括但不限于如下内容：地质勘查报告主要结论及评审意见、研究报告结论及评审意见。

11.2 附图

附图应采用原始图幅；图中的字体、线条和各种标记应清晰可读，签字齐全；宜采用彩图；附图应包括以下图纸（可根据实际情况调整，但应涵盖以下图纸的内容）：

——矿山地形地质图；

——矿山地质剖面图（应反映典型矿体形态，数量不少于2张）；

——矿区总平面布置图；

——采场边坡工程平面及剖面图；

——露天开采基建终了图；

——露天开采最终境界图；

——露天边坡监测系统布置图（若有）；

——排土场终了图；

——排土场工程平面及剖面图；

——截排水工程平面布置图；

——全矿（含露天）供电系统图。

【条文说明】

附图中包含地质和矿山主要开采系统的相关图纸，通过这些图纸中的信息，可以对项目设计情况有一个整体直观的认识，提纲中要求的图纸均与矿山建设和生产安全相关，因此设计中应按照要求提供附图。如果根据项目设计特点认为应增加其他附图时也可适当增加附图张数，例如帷幕注浆治水矿山的注浆帷幕幕线平面图和防渗帷幕纵/横剖面图等。

为便于阅读，所附图纸建议采用正常图幅大小，不要为装订方便而缩小图幅。由于有时图纸上的信息较多，采用彩图能够更加清晰地表达出相关信息，此类图纸建议优先考虑采用彩图。

附 录 A

（资料性）

金属非金属露天矿山建设项目安全设施设计编写目录

A.1 设计依据

A.1.1 项目依据的批准文件和相关的合法证明文件

A.1.2 设计依据的安全生产法律、法规、规章和规范性文件

A.1.3 设计采用的主要技术标准

A.1.4 其他设计依据

A.2 工程概述

A.2.1 矿山概况

A.2.2 矿区地质及开采技术条件

A.2.2.1 矿区地质

A.2.2.2 水文地质条件

A.2.2.3 工程地质条件

A.2.2.4 环境地质条件

A.2.2.5 矿床资源

A.2.3 矿山开采现状

A.2.4 周边环境

A.2.5 工程设计概况及利旧工程

A.3 本项目安全预评价报告建议采纳及前期开展的科研情况

A.3.1 安全预评价报告提出的对策措施与采纳情况

A.3.2 本项目前期开展的安全生产方面科研情况

A.4 矿山开采主要安全风险分析

A.4.1 矿区地质及开采技术条件对矿床开采主要安全风险分析

A.4.2 特殊条件下的主要安全风险分析

A.4.3 周边环境对矿床开采主要安全风险分析

A.4.4 其他

A.5 安全设施设计

A.5.1 露天采场

A.5.2 采场防排水及供水系统安全设施

A.5.3 矿岩运输系统安全设施

A.5.3.1 铁路运输

A.5.3.2 汽车运输

A.5.3.3 带式输送机运输

A.5.3.4 架空索道运输

A.5.3.5 斜坡提升运输

A.5.3.6 溜井及破碎系统

A.5.4 特殊开采条件下的安全措施

A.5.5 矿山基建进度计划

A.5.6 供配电安全设施

A.5.6.1 电源、用电负荷及供配电系统

A.5.6.2 电气设备、电缆及保护

A.5.6.3 电气安全保护措施

A.5.6.4 采场排水系统的供配电系统

A.5.6.5 智能供配电系统

A.5.6.6 专用安全设施

A.5.7 智能矿山及专项安全保障系统

A.5.7.1 智能矿山

A.5.7.2 矿山专项安全保障系统

A.5.8 排土场（废石场）

A.5.9 总平面布置

A.5.9.1 露天开采的保护与监测措施

A.5.9.2 工业场地安全设施

A.5.9.3 建（构）筑物防火

A.5.10 个人安全防护

A.5.11 安全标志

A.6 安全管理和专用安全设施投资

A.6.1 安全管理

A.6.2 专用安全设施投资

A.7 存在的问题和建议

A.8 附件与附图

A.8.1 附件

A.8.2 附图

【条文说明】

附录 A 列出了金属非金属露天矿山建设项目安全设施设计编制目录，设计时应按照目录编排章节。

第3篇：金属非金属矿山建设项目安全设施重大变更设计编写提纲

1 范围

本文件规定了金属非金属矿山建设项目安全设施设计编写提纲的术语和定义、设计依据、工程概述、安全设施变更内容、前期开展的科研情况、安全设施重大变更设计、存在的问题及建议、附件与附图。

本文件适用于金属非金属矿山建设项目安全设施重大变更设计，章节结构应按附录 A 编制。

【条文说明】

本文件是《金属非金属矿山建设项目安全设施重大变更设计编写提纲》，因此适用于金属非金属矿山重大变更设计。为便于审阅和审查，安全设施重大变更设计编写时的章节结构应符合附录 A 的要求。

2 规范性引用文件

下列文件中的内容通过文中的规范性引用而构成本文件必不可少

的条款。其中，注日期的引用文件，仅该日期对应的版本适用于本文件；不注日期的引用文件，其最新版本（包括所有的修改单）适用于本文件。

KA/T 20.1—2024 非煤矿山建设项目安全设施设计编写提纲 第1部分：金属非金属地下矿山建设项目安全设施设计编写提纲

KA/T 20.2—2024 非煤矿山建设项目安全设施设计编写提纲 第2部分：金属非金属露天矿山建设项目安全设施设计编写提纲

【条文说明】

金属非金属矿山安全设施重大变更设计编制时，除应符合本文件的要求外，相关章节的编制尚应符合《金属非金属地下矿山建设项目安全设施设计编写提纲》和《金属非金属露天矿山建设项目安全设施设计编写提纲》的要求。

3 术语和定义

下列术语和定义适用于本文件。

3.1

非煤矿山 non – coal mine

金属非金属地下矿山、金属非金属露天矿山和尾矿库的统称。

3.2

金属非金属露天矿山 metal and nonmetal opencast mines

在地表通过剥离围岩、表土或砾石，采出金属或非金属矿物的采矿场及其附属设施。

3.3

金属非金属地下矿山 metal and nonmetal underground mines

以平硐、斜井、斜坡道、竖井等作为出入口，深入地表以下，采

出金属或非金属矿物的采矿场及其附属设施。

3.4

重大变更　major changes

与原设计相比，基本安全设施发生重大变化。金属非金属矿山的重大变更事项应按照《非煤矿山建设项目安全设施重大变更范围》的要求执行。

【条文说明】

本章主要对本文件经常使用的 4 个术语进行了定义和说明，便于各方面人员对概念统一理解和相互交流。

4　设计依据

4.1　建设项目依据的批准文件和相关的合法证明文件

4.1.1　建设项目安全设施设计中应列出采矿许可证。

【条文说明】

采矿许可证是矿山建设项目初步设计之前必须取得的合法证明文件，也是建设项目开采设计依据的批准文件和合法证明文件。因此，要求必须列出采矿许可证。此外，采矿许可证与设计的开采方式、生产规模是否一致，井巷工程/露天境界和开采范围是否均在矿权范围内等，也是安全设施设计审查的重要内容。

4.1.2　对于建设项目，应列出安全设施设计审查意见书。

【条文说明】

建设项目出现设计重大变更时，还应列出原安全设施设计的审查意见书，以证明原安全设施设计的合规性。

4.1.3　对于生产项目，应列出安全设施设计审查意见书、安全设施验收意见书和安全生产许可证。

【条文说明】

对于已经投产的矿山出现设计重大变更时，应列出安全设施设计审查意见书、安全设施验收意见书和安全生产许可证，以证明矿山建设、投产、生产的合规性。

4.2　设计依据的安全生产法律、法规、规章和规范性文件

4.2.1　设计依据中应列出设计变更依据的有关安全生产的法律、法规、规章和规范性文件。

【条文说明】

列出设计依据的相关法律、法规、规章和规范性文件，与设计内容和安全无关的不应在此罗列。

4.2.2　国家法律、行政法规、地方性法规、部门规章、地方政府规章、国家和地方规范性文件等应分层次列出，并标注其文号及施行日期，每个层次内应按照发布时间顺序列出。

【条文说明】

各种法律、法规、规章和规范性文件排列时应根据本条规定分层次、实施日期（实施时间晚的在前，时间早的在后）进行，并标注清楚其相关信息，使其条理清晰，便于查阅和审查。

4.2.3　依据的文件应现行有效。

【条文说明】

设计时还应注意所有的依据文件必须现行有效，已经废止、废除或被替代的文件不得作为设计依据。

4.3 设计采用的主要技术标准

4.3.1 设计中应列出设计变更采用的技术性标准。

【条文说明】

列出设计依据的技术性规范、标准，与设计内容和安全无关的标准不应罗列。

4.3.2 国家标准、行业标准和地方标准应分层次列出，标注标准代号；每个层次内应按照标准发布时间顺序排列。

【条文说明】

罗列标准时应根据本条规定分层次和发布时间（实施时间晚的在前，时间早的在后）进行排列，并标注清楚其名称、标准号、发布日期等，使其条理清晰，便于查阅和审查。

4.3.3 采用的标准应现行有效。

【条文说明】

设计时还应注意所有的依据标准必须现行有效，已经废止、废除或被替代的标准不得作为设计依据。

4.4 其他设计依据

其他设计依据中应列出设计变更依据的安全设施设计报告及设

计单位、安全设施设计变更依据的相关地质报告、相关的工程地质勘察报告、试验报告、研究成果及安全论证报告等，标注报告编制单位和编制时间，尚应在附件中列出报告结论及专家评审意见等内容。

【条文说明】

安全设施设计变更之前如果有已经完成的相关工作成果可以作为设计变更的依据，应在此进行罗列。这些文件可包括但不限于：原安全设施设计报告、地质勘查报告、研究报告、试验报告以及相关安全论证报告等，罗列时应标注清楚其编制单位、编制时间、主要结论和专家评审意见等。各种报告应按编制的时间顺序列出，时间早的在前，时间晚的在后。

5 工程概述

5.1 矿山概况

5.1.1 企业概况应简述建设单位简介、隶属关系、历史沿革等。

【条文说明】

对矿山建设项目的建设单位基本情况和发展历史进行介绍，主要目的是供审阅人了解项目建设的背景和企业状况。

5.1.2 矿山概况内容应包括矿区自然概况（包括矿区的气候特征、地形条件、区域经济地理概况、地震资料、历史最高洪水位等），矿山交通位置（给出交通位置图），周边环境，采矿权位置坐标、面积、开采标高、开采矿种、开采规模等。

【条文说明】

对矿山建设项目的基本情况进行详细介绍，说明时应重点突出、内容全面，以便审阅人员对该建设项目所处区域的自然概况、交通情况、周边环境、采矿权设置情况有一个客观、准确的认识。

5.2 原安全设施设计主要内容

简述原安全设施设计主要内容。

【条文说明】

对原安全设施设计的主要内容进行简述，主要可包括：露天采场、开拓运输系统、采矿方法、生产规模、通风系统、充填系统、压风供水系统、排水排泥系统、供配电系统、通信系统等，介绍时应简洁明了，不应大篇幅说明。

5.3 矿山现状

对于建设项目，应简述矿山建设现状；对于生产矿山，应简述矿山生产现状。

【条文说明】

对矿山建设或生产现状进行说明，其主要目的是判断设计重大变更的基础条件和可行性，以及可能涉及的其他变更内容。建设矿山应对已经实施的工程情况进行说明，包括主要竖井、斜井、斜坡道、平硐、井底工程、主要中段、主要硐室，预计完成剩余工程需要的时间等。生产矿山应对其投产后的生产情况进行说明，包括投产时间、达到的生产规模、开采范围、各系统运行情况等。

6 安全设施设计变更内容

6.1 安全设施变更内容

说明安全设施变更的内容，并逐项说明变更的原因，例如工程地质条件、水文地质条件、资源条件、外部原因及企业内部决策发生变化等。

【条文说明】

逐项对安全设施设计变更的原因进行客观说明，主要目的是判断各项变更合理性，以及变更之后安全可靠性等。如果变更是由外部客观条件引起的，应说明客观条件最新情况，主要应说明清楚新条件的变化部分。如果是企业决策引起的设计变更，则直接说明即可。此外，对全部的安全设施变更内容进行罗列，便于审查人员判断设计给出的重大变更是否有遗漏。

6.2 安全设施重大变更内容

对照《非煤矿山建设项目安全设施重大变更范围》，逐项说明安全设施重大变更的内容。

【条文说明】

根据前述的安全设施设计变更情况，逐项对照《非煤矿山建设项目安全设施重大变更范围》，说明哪些属于安全设施重大变更设计，并说明理由。其主要目的是确定安全设施重大变更的设计范围。

7 前期开展的科研情况

说明前期开展与安全设施重大变更相关的科研工作及成果，以及有关科研成果在安全设施重大变更设计中的应用情况。

【条文说明】

在项目建设或生产中，如果矿山针对某些相关问题开展了专项研究，当这些研究内容与安全设施重大变更相关时，可在此说明主要研究报告内容、结论及专家评审意见，如果设计单位认为可以作为重大变更设计的依据资料，应说明变更设计中对相关科研成果的采纳情况。

8 安全设施重大变更设计

参照《非煤矿山建设项目安全设施设计编写提纲 第 1 部分：金属非金属地下矿山建设项目安全设施设计编写提纲》（KA/T 20.1—2024）或《非煤矿山建设项目安全设施设计编写提纲 第 2 部分：金属非金属露天矿山建设项目安全设施设计编写提纲》（KA/T 20.2—2024）中相关内容要求，编写本次安全设施重大变更部分的安全设施设计。

【条文说明】

对于地下矿山，涉及的变更内容应按照《金属非金属地下矿山建设项目安全设施设计编写提纲》中的要求进行设计；对于露天矿山，涉及的变更内容应按照《金属非金属露天矿山建设项目安全设施设计编写提纲》中的要求进行设计。

9　存在的问题及建议

设计应提出能够预见的在安全设施重大变更实施过程中或投产后，可能存在并需要矿山解决或需要引起重视的安全问题及解决建议。

设计应提出设计基础资料影响安全设施重大变更的问题及解决建议。

【条文说明】

设计发生重大变更后，由于部分基本安全设施或工艺方案与原设计相比发生了较大变化，因此，在问题和建议中需要对变化后在建设和生产过程中容易引起的相关安全问题及注意事项进行提示，建议矿山按照相关要求开展工作，保证安全。

变更设计是在已有资料的基础上进行的，如果设计认为基础资料还需要在建设或生产过程中进一步验证确认的，应给出相关的建议。

10　附件与附图

10.1　附件

安全设施设计依据的相关文件应包括：采矿许可证的复印件或扫描件；建设项目的安全设施设计审查意见书的复印件或扫描件；生产项目的安全设施设计审查意见书、安全设施竣工验收意见书和安全生产许可证的复印件或扫描件。

【条文说明】

附件中应包括采矿许可证的复印件或扫描件，对于建设项目应列出原安全设施设计的审查意见书，对于生产项目应列出安全设施设计审查意见书、安全设施验收意见书和安全生产许可证。此外，设计中可以根据设计情况适当增加相关附件，主要可包括但不限于如下内容：在建设或生产阶段完成的水文和工程地质补充勘查报告结论及评审意见、与设计重大变更内容相关的研究报告结论及评审意见等。

10.2 附图

附图应采用原始图幅，图中的字体、线条和各种标记应清晰可读，签字齐全，宜采用彩图。设计文件应参照《非煤矿山建设项目安全设施设计编写提纲 第1部分：金属非金属地下矿山建设项目安全设施设计编写提纲》（KA/T 20.1—2024）或《非煤矿山建设项目安全设施设计编写提纲 第2部分：金属非金属露天矿山建设项目安全设施设计编写提纲》（KA/T 20.2—2024）要求，对安全设施重大变更引起变化的图纸进行变更设计。

【条文说明】

安全设施重大变更设计涉及的图纸，可参照《非煤矿山建设项目安全设施设计编写提纲 第1部分：金属非金属地下矿山建设项目安全设施设计编写提纲》（KA/T 20.1—2024）或《非煤矿山建设项目安全设施设计编写提纲 第2部分：金属非金属露天矿山建设项目安全设施设计编写提纲》（KA/T 20.2—2024）要求提供附图。如果设计单位根据建设项目设计特点认为应增加其他附图，也应适当增加相关附图。

为便于阅读，所附图纸应该采用正常图幅大小，不要为装订方便而缩小图幅。由于有时图纸上的信息较多，采用彩图能够更加清晰地表达出相关信息，此类图纸建议优先考虑采用彩图。

附　录　A

（资料性）

金属非金属矿山建设项目安全设施重大变更设计编写目录

A.1　设计依据

A.1.1　建设项目依据的批准文件和相关的合法证明文件

A.1.2　设计依据的安全生产法律、法规、规章和规范性文件

A.1.3　设计采用的主要技术标准

A.1.4　其他设计依据

A.2　工程概述

A.2.1　矿山概况

A.2.2　原安全设施设计主要内容

A.2.3　矿山现状

A.3　安全设施变更内容

A.3.1　安全设施变更内容

A.3.2　安全设施重大变更内容

A.4　前期开展的科研情况

A.5　安全设施重大变更设计

A.6　存在的问题和建议

A.7 附件与附图

A.7.1 附件

A.7.2 附图

【条文说明】

附录 A 列出了金属非金属矿山建设项目安全设施重大变更设计编制目录，设计时应按照目录编排章节。

附录一 第1部分：金属非金属地下矿山建设项目安全设施设计编写提纲

1 范围

本文件规定了金属非金属地下矿山建设项目安全设施设计编写提纲的术语和定义、设计依据、工程概述、本项目安全预评价报告建议采纳及前期开展的科研情况、矿山开采主要安全风险分析、安全设施设计、安全管理和专用安全设施投资、存在的问题和建议、附件与附图。

本文件适用于金属非金属地下矿山建设项目安全设施设计，章节结构应按附录 A 编制。

2 规范性引用文件

下列文件中的内容通过文中的规范性引用而构成本文件必不可少的条款。其中，注日期的引用文件，仅该日期对应的版本适用于本文件；不注日期的引用文件，其最新版本（包括所有的修改单）适用于本文件。

GB 16423　金属非金属矿山安全规程

3 术语和定义

下列术语和定义适用于本文件。

3.1

非煤矿山 non-coal mine

金属非金属地下矿山、金属非金属露天矿山和尾矿库的统称。

3.2

金属非金属露天矿山 metal and nonmetal opencast mines

在地表通过剥离围岩、表土或砾石，采出金属或非金属矿物的采矿场及其附属设施。

3.3

金属非金属地下矿山 metal and nonmetal underground mines

以平硐、斜井、斜坡道、竖井等作为出入口，深入地表以下，采出金属或非金属矿物的采矿场及其附属设施。

3.4

基本安全设施 basic safety facilities

基本安全设施是依附于主体工程而存在，属于主体工程一部分的安全设施。基本安全设施是矿山安全的基本保证。

3.5

专用安全设施 special safety facilities

专用安全设施是指除基本安全设施以外的，以相对独立于主体工程之外的形式而存在，不具备生产功能，专用于安全保护的安全设施。

4 设计依据

4.1 项目依据的批准文件和相关的合法证明文件

建设项目安全设施设计中应列出采矿许可证。

4.2　设计依据的安全生产法律、法规、规章和规范性文件

4.2.1　在设计依据中应列出有关安全生产的法律、法规、规章和规范性文件。

4.2.2　国家法律、行政法规、地方性法规、部门规章、地方政府规章、国家和地方规范性文件应分层次列出，并标注其文号及施行日期，每个层次内应按发布时间顺序列出。

4.2.3　依据的文件应现行有效。

4.3　设计采用的主要技术标准

4.3.1　设计中应列出设计采用的技术性标准。

4.3.2　国家标准、行业标准和地方标准应分层次列出，标注标准代号，每个层次内应按照标准发布时间顺序排列。

4.3.3　采用的标准应现行有效。

4.4　其他设计依据

4.4.1　其他设计依据中应列出地质勘查资料（包括专项工程和水文地质报告）、安全预评价报告、不采用充填法时的采矿方法专项论证报告、相关的工程地质勘察报告、试验报告、研究成果、安全论证报告及最新安全设施设计及批复等，并应标注报告编制单位和编制时间，尚应在附件中列出报告结论及专家评审意见等内容。

4.4.2　依据的水文地质及工程地质勘查资料应达到勘探程度，排土场工程地质勘察应不低于初步勘察程度。

5　工程概述

5.1　矿山概况

5.1.1　企业概况应简述建设单位简介、隶属关系、历史沿革等。

5.1.2 矿山概况应包括矿区自然概况（包括矿区的气候特征、地形条件、区域经济、地理概况、地震资料、历史最高洪水位等），矿山交通位置（给出交通位置图），周边环境，采矿权位置坐标、面积、开采标高、开采矿种、开采规模、服务年限等。

5.2 矿区地质及开采技术条件

5.2.1 矿区地质

5.2.1.1 设计中应简述区域地质及矿区地质基本特征。

5.2.1.2 描述矿区地层特征和主要构造情况（性质、规模、特征）时，对于影响矿体开采的特征应进行详细说明。

5.2.1.3 简述矿床地质特征时应着重阐明矿床类型、矿体数量、主要矿体规模、形态、产状、埋藏条件、空间分布、矿石性质及围岩。

5.2.1.4 矿区地质部分应说明矿床风化、蚀变特征。

5.2.2 水文地质条件

5.2.2.1 矿区水文地质条件简述应包括矿区气候、地形、汇水面积、地表水情况，含（隔）水层，地下水补给、径流及排泄条件，主要构造破碎带、地表水、老窿水等对矿床充水的影响。

5.2.2.2 矿区水文地质条件部分说明应包括下列内容：

　　——已完成的水文地质工作及其成果或结论；

　　——采用的涌水量估算方法及矿山正常涌水量和最大涌水量估算结果；

　　——改、扩建矿山近年来的实际涌水量。

5.2.3 工程地质条件

　　矿区工程地质条件简述应包括工程地质岩组分布、岩性、厚度和物理力学性质，矿区构造特征，岩体风化带性质、结构类型和发育深度，蚀变带性质、结构类型和分布范围，岩体质量和稳固性评价，以及可能产生的工程地质问题及其部位。

5.2.4　环境地质条件

项目的环境地质特征说明应包括地震区划，矿区发生地面塌陷、崩塌、滑坡、泥石流等地质灾害的种类、分布、规模、危险性大小、危害程度，以及其他如自燃、地热、高地应力、放射性等情况。

5.2.5　矿床资源

矿床资源部分应简述全矿区资源量或储量及设计范围内资源量或储量情况。

5.3　矿山开采现状

5.3.1　矿山开采现状应说明项目性质（新建矿山、改扩建矿山）。

5.3.2　对于改扩建矿山应说明矿山开采现状，已形成的采空区，开采中出现过的主要水文地质、工程地质及环境地质灾害问题。

5.4　周边环境

5.4.1　矿区周边环境说明应包括村庄、道路、水体、其他厂矿企业及其他设施等，并应说明是否存在相互影响。

5.4.2　矿区周边环境设施涉及搬迁的应完成全部搬迁工作并说明搬迁完成情况。

5.5　工程设计概况及利旧工程

5.5.1　工程设计概况应简述开采方式、开采范围及一次性总体设计情况、首采中段、生产规模及服务年限、采矿方法、工作制度及劳动定员、开拓和运输系统、充填系统、通风系统（包括空气预热、制冷降温等）、排水排泥系统、压风及供水系统、基建工程和基建期、采矿进度计划（含采矿进度计划表）、矿山供水水源、矿山供配电、矿山通信及信号、地表建筑物（主要与采矿相关的）、矿区总平面布置（包括废石场）、工程总投资、专用安全设施投资等。

5.5.2 当矿山的设计规模超过采矿许可证证载规模时，应说明项目核准或备案文件、设计规模专项论证报告，并应将上述文件作为支撑材料。

5.5.3 利旧工程应说明基本情况及合规性、利旧后在新生产系统中的主要功能。

5.5.4 对于井巷工程应说明是否均在采矿权范围内。

5.5.5 设计中应列出主要技术指标，相关内容见表1。

表 1 设计主要技术指标表

序号	指标名称	单位	数　　量	说　　明
1	地质			
1.1	全矿区资源量或储量			
	矿石量	万 t		
1.2	本次设计范围内利用的资源量或储量			
	矿石量	万 t		
1.3	矿岩物理力学性质			
	矿石体重	t／m^3		
	岩石体重	t／m^3		
	矿岩松散系数			
	矿石抗压强度	MPa		
	岩石抗压强度	MPa		
1.4	矿体赋存条件			
	矿体埋深	m		
	赋存标高	m		
	矿体厚度	m		

表 1（续）

序号	指标名称	单位	数　量		说　明
	矿体长度	m			
	倾角	(°)			
1.5	地质资料勘探程度				
	水文地质条件类型				
	工程地质条件类型				
	环境地质条件类型				
2	采矿				
2.1	矿山生产规模				
	矿石量	万 t/a			
		t/d			
2.2	矿山基建时间	a			
	基建工程量	万 m³			
2.3	矿山服务年限	a			
	工作制度	d/a			
		班/d			
		h/班			
2.4	采矿方法		方法1（名称）	方法2（名称）	
	采场结构参数	m			
	所占比例	%			
	回采凿岩设备				
	出矿设备				
	采场生产能力	t/d			
2.5	中段高度	m			
2.6	开拓系统		如：主井＋副井＋辅助斜坡道		
	主要井巷				

180

序号	指标名称	单位	数　量	说　明
	主井		净直径，深度	如是斜井则写明是主斜井
			提升机规格，提升方式，提升容器规格，提升速度，提升能力，电机功率	
	副井		净直径，深度	如是斜井则写明是副斜井
			提升机规格，提升方式，罐笼规格，罐笼层数，提升人数，提升速度，电机功率	
	胶带斜井		净断面尺寸，长度，倾角	
			胶带宽度、强度、速度，胶带机长度、倾角、运输能力，电机功率	
	斜坡道		净断面尺寸，长度，坡度；专用的人员、油料运输车的规格、数量	如矿石或废石是采用卡车运输，则列出卡车规格和数量
	进风井		净直径，深度	
	回风井		净直径，深度	
2.7	中段运输方式		如：有轨运输	
	电机车		如：10 t 电机车，双机牵引	
	矿车		如：4 m³ 底卸式，每列个数	

序号	指标名称	单位	数 量			说 明
	运矿列车数	列				
	卡车	辆				
			规格			
	胶带	段				
			规格			
2.8	破碎系统					
	破碎机规格					
	数量	台				
2.9	排水					
	正常排水量	m^3/d				
	设计最大排水量	m^3/d				
	水泵房		泵站1	泵站2	……	
	水泵房位置					标高
	水仓条数	条				
	水仓总容积	m^3				
	水泵规格					
	水泵数量					
2.10	通风					
	矿山总风量	m^3/s				
	通风方式					
	主通风机台数	台				
	主通风机规格					
2.11	充填系统					
	充填材料		如：全尾砂＋水泥			
	充填输送方式		如：自流输送，泵送			
	平均日充填量	m^3/d				
2.12	废石场					

182

表1（续）

序号	指标名称	单位	数 量	说 明
	占地面积	hm²		
	堆积总高度	m		
	总容量	m³		
	服务年限	a		
3	供电			
3.1	用电设备安装功率	kW		
3.2	用电设备工作功率	kW		
3.3	一级负荷	kW		
3.4	年总用电量	kW·h/a		
3.5	单位矿石耗电量	kW·h/t		

6 本项目安全预评价报告建议采纳及前期开展的科研情况

6.1 安全预评价报告提出的对策措施与采纳情况

6.1.1 设计中应落实安全预评价报告中根据该项目具体风险特点提出的针对性对策措施。

6.1.2 设计中应简述安全预评价中相关建议的采纳情况，对于未采纳的应说明理由。

6.2 本项目前期开展的安全生产方面科研情况

设计中应说明本项目前期开展的与安全生产有关的科研工作及成果，以及有关科研成果在本项目安全设施设计中的应用情况。

7 矿山开采主要安全风险分析

7.1 矿区地质及开采技术条件对矿床开采主要安全风险分析

7.1.1 设计中应分析矿区地质及开采技术条件对矿床开采安全的影响。

7.1.2 项目存在下列情况时，应详细分析开采技术条件对安全生产的影响：

  ——工程地质条件复杂、岩体破碎、开采深度大、地压大和有岩爆（倾向）发生的矿床；

  ——水文地质条件复杂、水害严重、有突发涌水风险的矿床，高硫和有自燃风险的矿床；

  ——高温、高寒、高海拔矿床及有塌陷区、复杂地形、泥石流威胁的矿床。

7.2 人员密集区域及特殊条件下的主要安全风险分析

7.2.1 对于采掘工作面、有突水风险区域和主要安全出口等人员密集区域面临的安全风险应进行分析。

7.2.2 项目存在下列情况时，应重点分析其对安全生产的影响：

  ——有突水风险；

  ——露天转地下开采、露天和地下联合开采、相邻多矿区整合开采；

  ——存在老窿、采空区的矿床。

7.3 周边环境对矿床开采主要安全风险分析

矿山周边存在开采相互影响的矿山或属于地表水体、建构筑物、铁路（公路）下等"三下开采"矿床，以及存在影响矿山开采或受

184

矿山开采影响的其他设施时，应分析对本矿山安全生产的影响。

7.4 其他

依据设计确定的开采方案，当存在其他生产中应重点关注的问题时应进行论述。

8 安全设施设计

8.1 矿床开拓系统及保安矿柱

8.1.1 开拓系统

8.1.1.1 矿床开拓系统简述应包括下列内容：

——从开拓方案、主要井巷位置以及保护措施的确定分析开拓系统的安全可靠性；

——通地表的安全出口、主要中段（分段）安全出口的设置情况，安全出口的形式、井口和井底的标高、平硐的标高等。

8.1.1.2 当分期建设时应说明各分期设计范围及各分期的基建内容。

8.1.1.3 依据现行的规程和标准应说明利旧工程的符合性。

8.1.1.4 总结概述本节专用安全设施内容时，应列表汇总本节专用安全设施。

8.1.2 井巷工程支护

8.1.2.1 井巷工程支护说明应包括主要井巷和大型硐室所处或穿过岩体的工程地质条件、水文条件、可能遇到的特殊情况、主要设计参数和支护方式及其参数。

8.1.2.2 对特殊地质条件下井巷工程，应详细说明支护方式及参数的选取和确定。

8.1.2.3 巷道布置在具有自然发火危险矿岩内时，应说明支护材料的选取情况。

8.1.3 保安矿柱

8.1.3.1 留设有保护地表公路、铁路、河流、建筑物、风景区等或露天地下联合开采的矿区保安矿柱时，应说明其保护对象、设置原因和保安矿柱的位置、形式及参数情况等，并应对其安全性进行分析。

8.1.3.2 当中段开采受开采顺序或采矿方法的影响需设置保安矿柱时，应说明保安矿柱的位置、形式及参数情况等。

8.1.3.3 安全设施设计中应说明今后是否回收预留的矿柱及其回收时间、采取的安全措施。

8.1.3.4 有自然发火倾向的区域时应说明防火隔离设施的设置情况。

8.2 采矿方法

8.2.1 采矿方法的确定

新建、改扩建金属非金属地下矿山应当采用充填采矿法，不能采用的应进行专项论证，应简述专项论证报告的主要内容和结论。

8.2.2 采场回采

8.2.2.1 采矿方法和矿床开采顺序简述时应分析其安全性。

8.2.2.2 对空场类（包括嗣后充填）采矿方法应采用岩石力学计算的方式分析确定采场结构参数，对于新建矿山，缺少岩石力学参数时，可以采用经验法确定参数，并应论证其安全性；其他采矿方法可以采用经验法确定采场结构参数，并应论证其安全性。

8.2.2.3 采场生产作业活动说明应包括凿岩、装药、爆破（仅含起爆方式、炸药类型和装药方式）、通风和出矿等工艺情况，并应重点说明在生产活动中为保证安全所采取的安全措施。

8.2.2.4 设计采用自动化作业采区时，应说明自动化采区的设备类型及数量、采区布置范围、与其他非自动化采区的关系、安全门设置情况以及作业时的安全注意事项等。

8.2.2.5 对于采空区应说明处理方法，并应分析采空区及处理之后的安全稳定性。

8.2.2.6 对于矿石、废石溜井，应说明井口的安全车挡（采用无轨设备直接卸矿时）、格筛设置情况。

8.2.2.7 应说明采场的安全出口设置情况。

8.2.2.8 总结概述本节专用安全设施内容时，应列表汇总本节专用安全设施。

8.3 提升运输系统

8.3.1 竖井提升系统

8.3.1.1 竖井提升系统说明应包括下列内容：
——竖井提升系统功能、类型（箕斗提升、罐笼提升、混合提升）、数量及总体布置；
——竖井提升系统（提升容器、提升机、钢丝绳、罐道、连接装置等）主要参数和主要计算过程；
——提升机制动系统、控制系统及其主要功能，提升系统联锁控制、运行监控保护系统等。

8.3.1.2 主要提升系统应实现集中控制、可视化监控。

8.3.1.3 主要提升系统宜实现系统运行状态分析、诊断、预警与保护等功能，箕斗提升系统宜实现现场无人值守。

8.3.1.4 提升容器之间以及提升容器与井壁、罐道梁、井梁之间的最小间隙应结合井筒断面图说明。

8.3.1.5 设计应说明竖井提升防过卷设施、罐笼防坠装置设置情况，以及井口和中段安全设施设置与联锁情况。

8.3.1.6　对于电梯井应说明功能、配置，电梯规格、载重、速度等主要参数，电梯控制系统设置情况等。

8.3.1.7　当分期建设时应说明各分期设计范围及各分期的基建内容。

8.3.1.8　依据现行的规程和标准，应说明利旧工程的符合性。

8.3.1.9　总结概述本节专用安全设施内容时，应列表汇总本节专用安全设施。

8.3.2　斜井提升系统

8.3.2.1　斜井提升系统说明应包括下列内容：

　　——斜井提升系统功能、类型（箕斗、台车、矿车、串车、人车提升）、数量及总体布置；

　　——斜井提升系统（提升容器、提升机、钢丝绳等）主要参数和主要计算过程；

　　——提升机制动系统、控制系统及其主要功能，提升系统联锁控制、运行监控保护系统等。

8.3.2.2　主要提升系统应实现集中控制、可视化监控。

8.3.2.3　主要提升系统宜实现系统运行状态分析、诊断、预警与保护等功能。

8.3.2.4　提升容器之间以及提升容器与巷道壁、巷道设施之间的最小间隙应结合斜井断面图说明。

8.3.2.5　设计应说明斜井内铺轨参数及轨道防滑措施、串车提升防跑车装置的型号数量以及安装位置情况、躲避硐室、安全隔离设施设置情况，以及斜井井口和中段安全设施设置与联锁情况。

8.3.2.6　当分期建设时应说明各分期设计范围及各分期的基建内容。

8.3.2.7　依据现行的规程和标准应说明利旧工程的符合性。

8.3.2.8 总结概述本节专用安全设施内容时，应列表汇总本节专用安全设施。

8.3.3 带式输送机系统

8.3.3.1 带式输送机系统说明应包括下列内容：
——带式输送机系统功能、类型、数量及总体布置；
——带式输送机的主要参数和主要计算过程，输送带安全系数、驱动方式、拉紧方式及带式输送机启停控制方式等。

8.3.3.2 设计应说明胶带平巷或斜井断面布置和安全间隙，通风、收尘、排水、消防设置情况。

8.3.3.3 设计应说明带式输送机系统机电安全保护装置，带式输送机系统的联锁控制、运行监控保护系统等设置情况。

8.3.3.4 带式输送机主运输系统应实现集中控制、可视化监控。

8.3.3.5 带式输送机主运输系统宜实现自动启停控制，系统运行状态分析，各监测参数诊断、预警与保护等，现场无人值守。

8.3.3.6 当分期建设时应说明各分期设计范围及各分期的基建内容。

8.3.3.7 依据现行的规程和标准应说明利旧工程的符合性。

8.3.3.8 总结概述本节专用安全设施内容时，应列表汇总本节专用安全设施。

8.3.4 斜坡道与无轨运输系统

8.3.4.1 斜坡道与无轨运输系统说明应包括下列内容：
——斜坡道的位置、功能、线路参数（坡度、断面、转弯半径和缓坡段设置情况），以及主要运行车辆类别规格；
——主要无轨作业中段（分段）的功能、巷道断面、主要运行车辆类别规格、信号设施及调度系统。

8.3.4.2 无轨运输系统设置智能交通管控系统时，应说明车辆通信和定位情况、运输系统远程智能调度、车辆运行状态监控和故障应急处理情况。

8.3.4.3 当分期建设时应说明各分期设计范围及各分期的基建内容。

8.3.4.4 依据现行的规程和标准应说明利旧工程的符合性。

8.3.4.5 总结概述本节专用安全设施内容时，应列表汇总本节专用安全设施。

8.3.5 有轨运输系统（含装载和卸载）

8.3.5.1 有轨运输系统说明应包括下列内容：

——有轨运输中段数量、标高、运输任务、列车组成、列车数量，说明运输距离、运行速度、制动距离等主要参数；

——有轨运输设备及其外形参数，装载和卸载设备及其主要参数，装卸载控制方式等；

——有轨运输线路、信号设施及调度控制系统设置情况。

8.3.5.2 主要有轨运输系统宜实现远程集中控制、机车运输自动调度、无人驾驶。

8.3.5.3 当分期建设时应说明各分期设计范围及各分期的基建内容。

8.3.5.4 依据现行的规程和标准应说明利旧工程的符合性。

8.3.5.5 总结概述本节专用安全设施内容时，应列表汇总本节专用安全设施。

8.3.6 主溜井及破碎系统（含箕斗装矿）

8.3.6.1 主溜井及破碎系统说明应包括下列内容：

——主溜井、破碎系统，箕斗装矿系统的组成和配置；

——井口大块破碎设备、破碎站给料设备和破碎设备、箕斗装矿设施主要参数；

——主溜井及破碎系统、箕斗装矿、提升和运输系统联锁控制情况。

8.3.6.2 主溜井及破碎系统宜实现远程控制、可视化监控。

8.3.6.3 当分期建设时应说明各分期设计范围及各分期的基建内容。

8.3.6.4 总结概述本节专用安全设施内容时，应列表汇总本节专用安全设施。

8.4 井下防治水与排水系统

8.4.1 根据矿区水文地质条件对矿床开采安全的影响程度，应说明相应的矿区防治水措施。

8.4.2 水文地质条件复杂类型矿山应着重说明地下水疏干工程、注浆帷幕堵水工程、关键巷道防水门等设施设计情况。

8.4.3 当露天开采转地下开采时，应说明预防露天坑底的洪水突然灌入井下的技术措施。

8.4.4 排水系统说明应包括下列内容：

——矿山正常排水量和设计最大排水量、排水方式（集中排水、分散排水、一段排水、接力排水）、排水系统组成、排水能力；

——水仓、水泵房、防水门设置；

——排水设备、排水管路、排水控制系统设置情况。

8.4.5 井下主排水系统应实现地表远程集中控制、可视化监控、现场无人值守。

8.4.6 排泥系统应说明排泥方式，排泥泵房设置，排泥设备、排泥管路设置情况。

8.4.7 当分期建设时应说明各分期设计范围及各分期的基建内容。

8.4.8 依据现行的规程和标准，应说明利旧工程的符合性。

8.4.9 对于水文地质条件复杂的矿山，应分析井下防排水系统的安全性。

8.4.10 总结概述本节专用安全设施内容时，应列表汇总本节专用安全设施。

8.5 通风降温系统

8.5.1 通风系统说明应包括下列内容：
——选用的通风方式；
——矿山需风量计算过程和结果；
——各主要进回风井巷的参数、风量、风速，通风阻力的计算；
——选用的通风机型号、参数及其控制系统；
——主要通风构筑物的设计情况。

8.5.2 根据项目特点应说明采用的空气预热措施和选择的空气预热设备及其主要参数，并应给出空气预热参数及设备选择的计算过程及结果。

8.5.3 根据项目特点应说明采用的制冷降温措施，并应给出制冷系统及主要制冷设备选择计算过程及其参数。

8.5.4 通风降温系统实现无人值守远程控制时，应说明风量、风压的自动调节，数据监测、传输和保存，远程集中控制、可视化监控等情况。

8.5.5 当分期建设时应说明各分期设计范围及各分期的基建内容。

8.5.6 依据现行的规程和标准，应说明利旧工程的符合性。

8.5.7 总结概述本节专用安全设施内容时，应列表汇总本节专用安全设施。

8.6 充填系统

8.6.1 充填系统说明应包括下列内容：
——采矿方法对充填系统的要求，包括充填系统工作制度、充填体强度指标等；

——充填站位置、充填倍线、充填方式，采用的充填材料、料浆制备工艺、料浆配比和充填浓度；

　　——充填站配置和主要设备参数，充填管路输送系统和坑内充填配套设施设置情况。

8.6.2　当分期建设时应说明各分期设计范围及各分期的基建内容。

8.6.3　总结概述本节专用安全设施内容时，应列表汇总本节专用安全设施。

8.7　露天开采转地下开采及联合开采矿山安全对策措施

8.7.1　露天开采转地下开采时安全对策措施说明应包括下列内容：

　　——崩落法开采时覆盖层的形成方式及厚度，空场法或充填法开采时的安全顶柱规格；

　　——防排水系统、通风系统、地下开采（包括井下基建与挂帮矿体开采）与露天开采的相互影响及采取的安全对策措施，及安全可靠性分析。

8.7.2　露天与地下同时开采时，应说明露天与地下各采区的位置关系、开采顺序、爆破作业及采取的安全对策措施，并应分析其安可靠性。

8.7.3　总结概述本节专用安全设施内容时，应列表汇总本节专用安全设施。

8.8　特殊开采条件下的安全措施

8.8.1　矿山开采面临下列特殊条件时，设计应说明采取的安全对策措施，并应分析其可靠性：

　　——"三下"开采（地表水体、建构筑物、铁路/公路下）的矿床；

　　——地质条件复杂、开采深度大、地压大和有岩爆（倾向）发生的矿床；

——水害严重和有突发涌水风险的矿床；

——高硫和有自燃风险的矿床；

——高温、高寒、高海拔矿床及有塌陷区的矿床。

8.8.2 存在老窿、采空区的矿床，安全设施设计应包括下列内容：

——说明矿山已有采空区分布情况及空间形态；

——提出采空区处理方案及其安全措施；

——阐明危险区域对今后开采活动的影响范围、影响程度及其采取的安全措施。

8.8.3 总结概述本节专用安全设施内容时，应列表汇总本节专用安全设施。

8.9 矿山基建进度计划

8.9.1 矿山基建进度计划说明应包括下列内容：

——矿山竖井、斜坡道、斜井、平巷、天（溜）井、硐室等工程掘进速度指标；

——矿山基建期间可承担基建任务的主要开拓工程及其服务范围；

——矿山基建周期，以及基建进度计划图。

8.9.2 当分期建设时应说明各分期的基建工程内容、工程量和工期。

8.9.3 基建进度计划的编制应遵循以下原则：

——优先贯通安全出口和尽快形成主要供电、通风、排水系统；

——竖井、斜井、斜坡道等施工到底后，必须集中在一个中段贯通，形成矿井贯穿通风系统和两个直通地表的出口。

8.10 供配电安全设施

8.10.1 当分期建设时应说明各分期供配电安全设施设计范围及各分期的基建内容。

8.10.2 电源、用电负荷及供配电系统说明应包括下列内容：

——可向本工程供电的地区变配电站设施及供电电压、可供容量、距离，供电线路截面、长度、回路数、负载能力；

——对有一级负荷的矿山，应说明供电电源是否为双重电源，并应对一级负荷供电进行安全可靠性分析；

——本工程总负荷、采矿负荷及一级负荷计算结果及主要一级负荷的名称；

——矿山主变电所的地理位置、所址防洪设计高度、变电所布置和主接线型式，以及主变压器容量、台数选择等；

——本工程总降压变电所供电系统接线，矿山供配电系统安全可靠性分析，正常及事故情况下的运行方式，一级负荷的供电方式；

——高、低压供配电系统中性点接地方式；

——井下供配电系统的各级配电电压等级。

8.10.3 电气设备、电缆选择校验及保护措施说明应包括下列内容：

——短路电流计算结果及供配电装置、主要电力元器件、电力电缆等高压设备的校验结果；

——各用电设备和配电线路的继电保护装置设置情况和保护配置；

——井下直流牵引变电所电气保护设施、直流牵引网络安全措施；

——牵引变电所接地设施；

——地表向井下供电的线路截面、回路数以及电缆型号；

——地表架空线转下井电缆处防雷设施；

——井下高、低压供配电设备类型和地下高、低压电缆类型。

8.10.4 电气安全保护措施说明应包括下列内容：

——保护接地及等电位联接设施、井下低压配电系统故障防护措施，裸带电体基本防护设施；

——爆炸危险场所电机车轨道电气的安全措施；

——井下照明设施、变配电设施及硐室应急照明设施；

——电气硐室的安全措施；

——地面建筑物防雷设施。

8.10.5 设计应说明提升人员的提升系统、主排水系统的供配电系统情况。

8.10.6 智能供配电系统说明应包括下列内容：

——智能供配电监控系统对矿山供配电系统内各级配电电压的设备的监测和控制；

——智能供配电监控系统的层级及网架架构、各层级及网络主要设备；

——智能供配电监控系统的配套软件组成；

——通过应用智能供配电监控系统，在供配电系统中实现智能诊断、智能配电、智能调节的情况。

8.10.7 总结概述本节专用安全设施内容时，应列表汇总本节专用安全设施。

8.11 井下供水和消防设施

8.11.1 井下供水和消防设施说明应包括下列内容：

——井下供水系统的供水水源、供水量、管路敷设情况；

——井下动力油运输及储存方式；

——当井下设有储油硐室时，应说明硐室的位置、布置形式、独立通风道、储油量及配套的安全设施；

——井下消防给水系统、消防水源容量、消火栓间距及水压等；

——井下消防器材的布置情况，包括位置、规格、数量等。

8.11.2 当分期建设时应说明各分期设计范围及各分期的基建内容。

8.11.3 总结概述本节专用安全设施内容时，应列表汇总本节专用安全设施。

196

8.12 智能矿山及专项安全保障系统

8.12.1 智能矿山

8.12.1.1 鼓励建设智能化矿山，提升矿山本质安全。

8.12.1.2 智能矿山的设计情况说明应包括智能矿山的设计原则、范围和内容，智能矿山实施计划和实施效果。

8.12.1.3 矿山应建设安全管理信息平台，说明应包括下列内容：

——矿山发生灾害时，快速、及时调用各系统的综合信息为安全避险和抢险救护提供决策支持情况；

——项目安全危害因素的事前预警情况。

8.12.2 矿山专项安全保障系统

8.12.2.1 矿山应建立监测监控、井下人员定位、通信联络、压风自救、供水施救和安全避险系统。

8.12.2.2 当分期建设时应说明各分期设计范围及各分期的基建工程内容。

8.12.2.3 监测监控系统说明应包括下列内容：

——井下有毒有害气体监测、视频监控及地压监测等系统的设计情况；

——当矿山设有地表变形、塌陷监测系统和坑内应力、应变监测系统时，应说明设计情况；

——总结概述本节专用安全设施内容，并应列表汇总本节专用安全设施。

8.12.2.4 井下人员定位系统说明应包括下列内容：

——主机和分站(读卡器)的布置、电缆和光缆的敷设、备用电源等；

——总结概述本节专用安全设施内容，并应列表汇总本节专用安全设施。

197

8.12.2.5 通信联络系统说明应包括下列内容：

——通信种类、通信系统的设置、通信设备布置等；

——井下应急广播系统设置情况；

——总结概述本节专用安全设施内容，并应列表汇总本节专用安全设施。

8.12.2.6 压风自救系统说明应包括下列内容：

——压风自救需风量计算，空气压缩机安装地点，空气压缩机主要参数和数量，压缩空气管路规格和材质、敷设线路、敷设要求；

——主要生产地点、撤离人员集中地点压风管道上的三通及阀门、减压、消音、过滤装置、控制阀设置情况和压风出口压力；

——紧急避险设施设置的供气阀门及噪声控制措施；

——总结概述本节专用安全设施内容，并应列表汇总本节专用安全设施。

8.12.2.7 供水施救系统说明应包括下列内容：

——供水施救需要的水量，管道的规格、材质、敷设线路和敷设要求；

——主要生产地点、撤离人员集中地点附近供水管道的三通及阀门设置情况；

——紧急避险设施内安设的阀门及过滤装置；

——总结概述本节专用安全设施内容，并应列表汇总本节专用安全设施。

8.12.2.8 安全避险系统说明应包括下列内容：

——自救器的配置数量和防护时间、避灾线路的设置情况；

——通过图纸、文字表述清楚的避灾线路；

——总结概述本节专用安全设施内容，并应列表汇总本节专用安全设施。

8.13 排土场（废石场）

8.13.1 排土场（废石场）部分说明应包括下列内容：

  ——周边设施与环境条件，排土场选址与勘察、排土场容积、等级、安全防护距离、排土场防洪及对应的安全对策措施；

  ——排土工艺、服务年限、排岩计划、设备选择等；

  ——运输道路、台阶高度、总堆置高度、平台宽度、总边坡角等设计参数。

8.13.2 排土场（废石场）安全稳定性计算分析应考虑不同的堆积状态条件，并应对参数选取、资料的可靠性等方面进行说明。

8.13.3 根据排土工艺和安全稳定性提出的安全对策措施可包括地基处理、截（排）水设施、底部防渗设施、滚石或泥石流拦挡设施、坍塌与沉陷防治措施和边坡监测、照明、道路护栏、挡车设施等。

8.13.4 不设排土场（废石场）时，应说明废石去向。

8.13.5 当分期建设时应说明各分期设计范围及各分期的基建内容。

8.13.6 总结概述本节专用安全设施内容时，应列表汇总本节专用安全设施。

8.14 总平面布置

8.14.1 矿床开采地表影响范围

8.14.1.1 采用地下开采的矿山，应分析确定开采对地表的影响范围，并应说明是否影响地表设施；若影响地表设施，应说明采取的相关安全措施。

8.14.1.2 当分期建设时应说明各分期设计范围及各分期的基建内容。

8.14.1.3 总结概述本节专用安全设施内容时，应列表汇总本节专用安全设施。

8.14.2　井口及工业场地

8.14.2.1　井口及工业场地的安全性应根据矿区地形地貌、自然条件、周边环境、地质灾害影响、厂址选址、地表水系、当地历史最高洪水位等方面进行分析；当地表设施受到相关潜在威胁时，应说明为消除这种威胁设计采取的有效措施。

8.14.2.2　当工业场地周边存在边坡时，应说明边坡参数、工程地质勘查情况和边坡的安全加固措施。

8.14.2.3　根据项目需要应说明为保证矿山开采和工业场地安全设计的河流改道及河床加固（含导流堤、明沟、隧洞、桥涵等）、地表截排水（地表截水沟、排洪沟/渠、拦水坝、截排水隧洞等）等工程设施。

8.14.2.4　当分期建设时应说明各分期设计范围及各分期的基建内容。

8.14.2.5　总结概述本节专用安全设施内容时，应列表汇总本节专用安全设施。

8.14.3　建（构）筑物防火

8.14.3.1　建（构）筑物防火部分应说明工业场地内各建筑物的火灾危险性、耐火等级、防火距离、厂区内消防通道和消防用水水量、水压、消防水池、供水泵站及供水管路设置情况等。

8.14.3.2　总结概述本节专用安全设施内容时，应列表汇总本节专用安全设施。

8.15　个人安全防护

8.15.1　设计应说明矿山为员工配备的个人防护用品的规格和数量。

8.15.2　总结概述本节专用安全设施内容时，应列表汇总本节专用安全设施。

8.16 安全标志

8.16.1 设计应说明矿山在各生产地点设置的矿山、交通、电气等安全标志情况。

8.16.2 总结概述本节专用安全设施内容时，应列表汇总本节专用安全设施。

9 安全管理和专用安全设施投资

9.1 安全管理

安全管理部分说明应包括下列内容：

——对矿山安全生产管理机构设置、部门职能、人员配备的建议及矿山安全教育和培训的基本要求，并应列出劳动定员表；

——矿山应设置的专职救护队或兼职救护队的人员组成及技术装备；

——矿山应制定的针对各种危险事故的应急救援预案。

9.2 专用安全设施投资

根据《金属非金属矿山建设项目安全设施目录（试行）》（国家安全监管总局令第75号）的规定，应对本项目设计的全部专用安全设施的投资进行列表汇总，相关内容见表2。

表2 专用安全设施投资表

序号	名　称	描　述	投资万元	说　明
1	罐笼提升系统	列出本项工程专用安全设施的内容名称，下同		有多条井时应分别列出

序号	名　称	描　述	投资万元	说　明
2	箕斗提升系统			有多条井时应分别列出
3	混合井提升系统			有多条井时应分别列出
4	斜井提升系统			有多条井时应分别列出
5	斜坡道与无轨运输巷道			有多条斜坡道时应分别列出
6	带式输送机系统			有多条时应分别列出
7	电梯井提升系统			有多条井时应分别列出
8	有轨运输系统			应说明有几个运输水平
9	动力油储存硐室			应说明有几个
10	破碎硐室			有多个时应分别列出
11	采场			性质差别大的采矿方法应分别列出
12	人行天井与溜井			
13	供、配电设施			
14	通风和空气预热及制冷降温			
15	排水系统			有多个水泵房时应分别列出
16	充填系统			
17	地压、岩体位移监测系统			
18	矿山安全保障系统			
19	消防系统			
20	防治水			
21	地表塌陷或移动范围保护措施			采用崩落法、空场法开采时

序号	名　称	描　述	投资万元	说　明
22	矿山应急救援设备及器材			
23	个人安全防护用品			
24	矿山、交通、电气安全标志			
25	排土场（废石场）			有多个时应分别列出
26	其他设施			

10　存在的问题和建议

设计应提出能够预见的在项目实施过程中或投产后，可能存在并需要矿山解决或需要引起重视的安全问题及解决建议。

设计应提出基础资料影响安全设施设计的问题及解决建议。

设计应提出在智能矿山建设方面应开展的相关工作的建议。

11　附件与附图

11.1　附件

安全设施设计依据的相关文件应包括采矿许可证的复印件或扫描件、不采用充填法时的采矿方法专项论证报告。

11.2　附图

附图应采用原始图幅；图中的字体、线条和各种标记应清晰可读，签字齐全；宜采用彩图；附图应包括以下图纸（可根据实际情况调整，但应涵盖以下图纸的内容）：

——矿山地形地质图；

——矿山地质剖面图（应反映典型矿体形态，数量不少于2张）；

——水文地质及防治水工程布置平/剖面图（当矿山水文地质条件复杂时）；

——矿区总平面布置图；

——井上、井下工程对照图；

——矿山开拓系统纵投影图（或矿山开拓系统横投影图）；

——主要水平平面布置图；

——矿井通风系统图；

——采矿方法图；

——通信系统图；

——避灾线路图；

——全矿（含地下）供电系统图；

——主要井巷断面图；

——相邻采区或矿山与本矿山空间位置关系图；

——基建进度计划图。

附 录 A

（资料性）
金属非金属地下矿山建设项目安全设施设计编写目录

A.1 设计依据

A.1.1 项目依据的批准文件和相关的合法证明文件

A.1.2 设计依据的安全生产法律、法规、规章和规范性文件

A.1.3 设计采用的主要技术标准

A.1.4 其他设计依据

A.2 工程概述

A.2.1 矿山概况

A.2.2 矿区地质及开采技术条件

A.2.2.1 矿区地质

A.2.2.2 水文地质条件

A.2.2.3 工程地质条件

A.2.2.4 环境地质条件

A.2.2.5 矿床资源

A.2.3 矿山开采现状

A.2.4 周边环境

A.2.5 工程设计概况及利旧工程

A.3 本项目安全预评价报告建议采纳及前期开展的科研情况

A.3.1 安全预评价报告提出的对策措施与采纳情况

A.3.2 本项目前期开展的安全生产方面科研情况

A.4 矿山开采主要安全风险分析

A.4.1 矿区地质及开采技术条件对矿床开采主要安全风险分析

A.4.2 人员密集区域及特殊条件下的主要安全风险分析

A.4.3 周边环境对矿床开采主要安全风险分析

A.4.4 其他

A.5 安全设施设计

A.5.1 矿床开拓系统及保安矿柱

A.5.1.1 开拓系统

A.5.1.2 井巷工程支护

A.5.1.3 保安矿柱

A.5.2 采矿方法

A.5.2.1 采矿方法的确定

A.5.2.2 采场回采

A.5.3 提升运输系统

A.5.3.1 竖井提升系统

A.5.3.2 斜井提升系统

A.5.3.3 带式输送机系统

A.5.3.4 斜坡道与无轨运输系统

A.5.3.5 有轨运输系统（含装载和卸载）

A.5.3.6 主溜井及破碎系统（含箕斗装矿）

A.5.4 井下防治水与排水系统

A.5.5 通风降温系统

A.5.6 充填系统

A.5.7 露天开采转地下开采及联合开采矿山安全对策措施

A.5.8 特殊开采条件下的安全措施

A.5.9 矿山基建进度计划

A.5.10 供配电安全设施

A.5.10.1 电源、用电负荷及供配电系统

A.5.10.2 电气设备、电缆及保护

A.5.10.3 电气安全保护措施

A.5.10.4 提升人员的提升系统、主排水系统的供配电系统

A.5.10.5 智能供配电系统

A.5.10.6 专用安全设施

A.5.11 井下供水和消防设施

A.5.12 智能矿山及专项安全保障系统

A.5.12.1 智能矿山

A.5.12.2 矿山专项安全保障系统

A.5.13 排土场（废石场）

A.5.14 总平面布置

A.5.14.1 矿床开采地表影响范围

A.5.14.2 井口及工业场地

A.5.14.3 建（构）筑物防火

A.5.15 个人安全防护

A.5.16 安全标志

A.6 安全管理和专用安全设施投资

A.6.1 安全管理

A.6.2 专用安全设施投资

A.7 存在的问题和建议

A.8 附件与附图

A.8.1 附件

A.8.2 附图

附录二　第 2 部分：金属非金属露天矿山建设项目安全设施设计编写提纲

1　范围

本文件规定了金属非金属露天矿山建设项目安全设施设计编写提纲的术语和定义、设计依据、工程概述、本项目安全预评价报告建议采纳及前期开展的科研情况、矿山开采主要安全风险分析、安全设施设计、安全管理和专用安全设施投资、存在的问题和建议、附件与附图。

本文件适用于金属非金属露天矿山建设项目安全设施设计，章节结构应按附录 A 编制。

2　规范性引用文件

下列文件中的内容通过文中的规范性引用而构成本文件必不可少的条款。其中，注日期的引用文件，仅该日期对应的版本适用于本文件；不注日期的引用文件，其最新版本（包括所有的修改单）适用于本文件。

GB 16423　金属非金属矿山安全规程

3 术语和定义

下列术语和定义适用于本文件。

3.1

非煤矿山 non-coal mine

金属非金属地下矿山、金属非金属露天矿山和尾矿库的统称。

3.2

金属非金属露天矿山 metal and nonmetal opencast mines

在地表通过剥离围岩、表土或砾石，采出金属或非金属矿物的采矿场及其附属设施。

3.3

金属非金属地下矿山 metal and nonmetal underground mines

以平硐、斜井、斜坡道、竖井等作为出入口，深入地表以下，采出金属或非金属矿物的采矿场及其附属设施。

3.4

基本安全设施 basic safety facilities

基本安全设施是依附于主体工程而存在，属于主体工程一部分的安全设施。基本安全设施是矿山安全的基本保证。

3.5

专用安全设施 special safety facilities

专用安全设施是指除基本安全设施以外的，以相对独立于主体工程之外的形式而存在，不具备生产功能，专用于安全保护的安全设施。

4 设计依据

4.1 项目依据的批准文件和相关的合法证明文件

建设项目安全设施设计中应列出采矿许可证。

4.2 设计依据的安全生产法律、法规、规章和规范性文件

4.2.1 在设计依据中应列出有关安全生产的法律、法规、规章和规范性文件。

4.2.2 国家法律、行政法规、地方性法规、部门规章、地方政府规章、国家和地方规范性文件应分层次列出，并标注其文号及施行日期，每个层次内应按发布时间顺序列出。

4.2.3 依据的文件应现行有效。

4.3 设计采用的主要技术标准

4.3.1 设计中应列出设计采用的技术性标准。

4.3.2 国家标准、行业标准和地方标准应分层次列出，标注标准代号；每个层次内应按照标准发布时间顺序排列。

4.3.3 采用的标准应现行有效。

4.4 其他设计依据

4.4.1 其他设计依据中应列出地质勘查资料（包括专项工程和水文地质报告）、安全预评价报告、相关的工程地质勘察报告、试验报告、研究成果、安全论证报告及最新安全设施设计及批复等，并应标注报告编制单位和编制时间，尚应在附件中列出报告结论及专家评审意见等内容。

4.4.2 水文地质和工程地质类型为简单的小型金属非金属露天矿山建设项目安全设施设计，依据的水文地质和工程地质勘查资料应不低于详查程度，其他金属非金属露天矿山建设项目安全设施设计，依据的水文地质和工程地质勘查资料应达到勘探程度；排土场工程地质勘察应不低于初步勘察程度。

5 工程概述

5.1 矿山概况

5.1.1 企业概况应简述建设单位简介、隶属关系、历史沿革等。

5.1.2 矿山概况应包括矿区自然概况（包括矿区的气候特征、地形条件、区域经济、地理概况、地震资料、历史最高洪水位等），矿山交通位置（给出交通位置图），周边环境，采矿权位置坐标、面积、开采标高、开采矿种、开采规模、服务年限等。

5.2 矿区地质及开采技术条件

5.2.1 矿区地质

5.2.1.1 设计中应简述区域地质及矿区地质基本特征。

5.2.1.2 描述矿区地层特征和主要构造情况（性质、规模、特征）时，对于影响矿体开采的特征应进行详细说明。

5.2.1.3 简述矿床地质特征时应着重阐明矿床类型、矿体数量、主要矿体规模、形态、产状、埋藏条件、空间分布、矿石性质及围岩。

5.2.1.4 矿区地质部分应说明矿床风化、蚀变特征。

5.2.2 水文地质条件

5.2.2.1 矿区水文地质条件简述应包括矿区气候、地形、汇水面积、地表水情况，含（隔）水层，地下水补给、径流及排泄条件，主要构造破碎带、地表水、老窿水等对矿床充水的影响。

5.2.2.2 矿区水文地质条件部分说明应包括下列内容：

　　——已完成的水文地质工作及其成果或结论；

　　——采用的涌水量估算方法及矿山正常涌水量和最大涌水量估算结果；

——改、扩建矿山近年来的实际涌水量。

5.2.3 工程地质条件

矿区工程地质条件简述应包括工程地质岩组分布、岩性、厚度和物理力学性质，矿区构造特征，岩体风化带性质、结构类型和发育深度，蚀变带性质、结构类型和分布范围，岩体质量和稳固性评价，以及可能产生的工程地质问题及其部位。

5.2.4 环境地质条件

项目的环境地质特征说明应包括地震区划，矿区发生地面塌陷、崩塌、滑坡、泥石流等地质灾害的种类、分布、规模、危险性大小、危害程度，以及其他如自燃、高地应力、放射性等情况。

5.2.5 矿床资源

矿床资源部分应简述全矿区资源量或储量及设计范围内资源量或储量情况。

5.3 矿山开采现状

5.3.1 矿山开采现状应说明项目性质（新建矿山、改扩建矿山）。

5.3.2 对于改扩建矿山应说明矿山开采现状，露天采场（边坡）状态，开采中出现过的主要水文地质、工程地质及环境地质灾害问题。

5.4 周边环境

5.4.1 矿区周边环境说明应包括村庄、道路、其他厂矿企业及其他设施等，并应说明是否存在相互影响。

5.4.2 矿区周边环境设施涉及搬迁的应完成全部搬迁工作并说明搬迁完成情况。

5.5 工程设计概况及利旧工程

5.5.1 工程设计概况应简述开采方式、开采范围及一次性总体设计情况、露天开采境界（包括分期境界和最终境界）、开拓运输系统、生产规模及服务年限、基建工程和基建期、采矿进度计划（含采矿进度计划表）、排土场（废石场）、矿山截排水系统、矿山通信及信号、矿山供水、矿山供配电、矿区总平面布置、工程总投资、专用安全设施投资等内容。

5.5.2 当矿山的设计规模超过采矿许可证证载规模时，应说明项目核准或备案文件、设计规模专项论证报告，并应将上述文件作为支撑材料。

5.5.3 利旧工程应说明基本情况及合规性、利旧后在新生产系统中的主要功能。

5.5.4 对于露天境界应说明是否均在采矿权范围内。

5.5.5 设计中应列出主要技术指标，相关内容见表1。

表 1 设计主要技术指标表

序号	指标名称	单位	数量	备　注
1	地质			
1.1	全矿区资源量或储量			
	矿石量	万 t		
1.2	露天开采境界内的资源量或储量			
	矿石量	万 t		
1.3	矿岩物理力学性质			
	矿石体重	t/m³		
	岩石体重	t/m³		
	矿岩松散系数			
	矿石抗压强度	MPa		

序号	指标名称	单位	数量	备 注
	岩石抗压强度	MPa		
1.4	地质资料勘探程度			
	水文地质条件类型			
	工程地质条件类型			
	环境地质条件类型			
2	采矿			
2.1	矿山规模			
	矿石量	万t/a		
	剥离量	万t/a		
	采剥总量	万t/a		
2.2	剥采比			
	平均剥采比			
	生产平均剥采比			
2.3	矿山服务年限	a		
2.4	矿山基建时间	a		
	基建工程量	万t		
	其中：副产矿石量	万t		
2.5	开拓运输方式			
	汽车型号			
	数量	辆		
	胶带	规格、参数		
		段		
	破碎机规格			
	数量	台		
2.6	工作制度	d/a		
		班/d		
		h/班		

序号	指标名称	单位	数量	备注
2.7	露天开采最终境界			
	上口尺寸（长、宽）	m		
	坑底尺寸（长、宽）	m		
	总高度	m		
	最终边坡角	(°)		
	矿石量	万 t		
	废石量	万 t		
	采剥总量	万 t		
	剥采比	t/t		
	最高开采台阶标高	m		
	最低开采台阶标高	m		
	封闭圈标高	m		
2.8	台阶参数			
	最终边坡台阶高度	m		
	台阶坡面角	(°)		
	并段高度	m		
	工作台阶高度	m		说明最终台阶高度
	安全平台宽度	m		
	清扫平台宽度	m		
	运输平台宽度	m		
	工作台阶坡面角	(°)		
	最小工作平台宽度	m		
	同时开采的台阶数	个		
	最小工作线长度	m		
2.9	排土场（废石场）			
	占地面积	hm²		
	堆置总高度	m		

序号	指标名称	单位	数量	备 注
	总容量	m³		
	服务年限	a		
	排土方式			
	排土段高	m		
	排土机型号			
	排土机数量	台		
	总边坡角	(°)		
	台阶坡面角	(°)		
	最小工作平台宽度	m		
	安全平台宽度	m		
3	供电			
3.1	用电设备安装功率	kW		
3.2	用电设备工作功率	kW		
3.3	计算一级负荷	kW		
3.4	年总用电量	kW·h/a		
3.5	单位矿石耗电量	kW·h/t		

6 本项目安全预评价报告建议采纳及前期开展的科研情况

6.1 安全预评价报告提出的对策措施与采纳情况

6.1.1 设计中应落实安全预评价报告中根据该项目具体风险特点提出的针对性对策措施。

6.1.2 设计中应简述安全预评价中相关建议的采纳情况，对于未采纳的应说明理由。

6.2 本项目前期开展的安全生产方面科研情况

设计中应说明本项目前期开展的与安全生产有关的科研工作及成果，以及有关科研成果在本项目安全设施设计中的应用情况。

7 矿山开采主要安全风险分析

7.1 矿区地质及开采技术条件对矿床开采主要安全风险分析

7.1.1 设计中应分析矿区地质及开采技术条件对矿床开采安全的影响。

7.1.2 项目存在下列情况时，应详细分析开采技术条件对安全生产的影响：

——地质条件复杂、岩体破碎的矿床；

——水害严重、边坡承受水压风险的矿床；

——高寒、高海拔、冻融条件的矿床及有塌陷区、溶洞、复杂地形、泥石流威胁的矿床。

7.2 特殊条件下的主要安全风险分析

7.2.1 依据设计确定的开采方案，应论述安全生产需要重点关注的问题。

7.2.2 项目存在下列情况时，应重点分析其对安全生产的影响：

——地下转露天开采、露天和地下联合开采；

——边坡高度超过 200 m 的露天采场和排土场；

——开采范围内存在老窿、采空区的矿床。

7.3 周边环境对矿床开采主要安全风险分析

矿山周边存在开采相互影响的矿山，或受建构筑物、地表水体、铁路（公路）影响的矿床，以及存在影响矿山开采或受矿山开采影响的其他设施时，应分析对本矿山安全生产的影响。

7.4 其他

依据设计确定的开采方案，当存在其他生产中应重点关注的问题时应进行论述。

8 安全设施设计

8.1 露天采场

8.1.1 对于露天采场应说明境界范围、最高台阶标高、封闭圈标高、最低标高、最终边坡高度及最终边坡角。

8.1.2 采用分期开采时，应说明首期开采的位置、各分期采场的边帮构成要素及各分期的基建内容。

8.1.3 开采工艺说明应包括下列内容：

——矿山采用的开拓运输方式及开采顺序，分析采场台阶高度、最小工作平台宽度、安全平台宽度等设置的安全可靠性；

——采场边坡进行的工程勘察和稳定性计算，边坡设计参数及边坡类型；

——边坡稳定性评价，设计采取的安全对策措施和建立的边坡安全管理和检查制度及其安全可靠性；

——采场穿孔、装药、爆破、铲装、运输和卸载等工艺设计情况，生产中采取的安全设施。

8.1.4 设计采用自动凿岩系统时，应说明自动作业系统的设备类型及数量、作业范围以及作业时的安全注意事项等。

8.1.5 设计应说明爆破安全允许距离的确定情况，当需要采取安全措施时应予以说明。

8.1.6 矿山存在已有采空区、危险区域时，应说明分布情况和设计采取的处理方法，并应分析危险区域对今后开采活动的影响范围和影响程度。

8.1.7 留设有矿（岩）体或矿段保护地表构筑（建）物或地下工程时，应列出设计确定的矿（岩）体或矿段位置和厚度，并应说明今后是否回收及回收的时间，必要时应有分析计算。

8.1.8 边坡（含破碎站边坡）不稳定时，应说明处理和加固方法及加固后的稳定性。

8.1.9 总结概述本节专用安全设施内容时，应列表汇总本节专用安全设施。

8.2 采场防排水系统安全设施

8.2.1 根据矿区水文地质条件、气象资料、研究报告，采场防排水系统说明应包括下列内容：

——露天采场涌水量估算过程及结果；

——采用的排水方式（一段排水、接力排水）和排水系统组成；

——排水能力、排水设备、排水管路；

——排水系统的控制方式及水位、流量监测系统情况；

——受洪水威胁的露天采场地面防洪工程设施的设计情况。

8.2.2 当分期建设时应说明各分期设计范围及各分期的基建内容。

8.2.3 总结概述本节专用安全设施内容时，应列表汇总本节专用安全设施。

8.3 矿岩运输系统安全设施

8.3.1 铁路运输

8.3.1.1 铁路运输说明应包括下列内容：

——运输任务、牵引方式、运输距离、列车组成、列车数量、运行速度、制动距离等；

——铁路运输线路设置及安全设施设置情况，铁路信号设施及调度控制系统。

8.3.1.2 铁路线布置在巷道内时，应说明铁路运输需要穿过的巷道地质条件、水文条件、岩石条件和可能遇到的特殊困难等，并应说明巷道断面、支护方式和参数、设计的安全设施或者采取的技术措施等。

8.3.1.3 当分期建设时应说明各分期设计范围及各分期的基建内容。

8.3.1.4 依据现行的规程和标准，应说明利旧工程的符合性。

8.3.1.5 总结概述本节专用安全设施内容时，应列表汇总本节专用安全设施。

8.3.2 汽车运输

8.3.2.1 汽车运输说明应包括下列内容：

——汽车的规格、数量、车速、防灭火设施等；

——汽车运输线路参数及安全设施设置情况；

——道路边坡的加固和防护措施。

8.3.2.2 设计采用卡车智能调度系统时，应说明车辆通信和定位，远程智能调度，车辆运行状态监控和故障应急处理等。

8.3.2.3 当汽车需要通过巷道运输时，应说明汽车运输需要穿过的巷道的地质条件、水文条件、岩石条件和可能遇到的特殊困难等，并应说明巷道断面、支护方式和参数、设计的安全设施或者采取的技术措施等。

8.3.2.4 当分期建设时应说明各分期设计范围及各分期的基建内容。

8.3.2.5 依据现行的规程和标准应说明利旧工程的符合性。

8.3.2.6 总结概述本节专用安全设施内容时，应列表汇总本节专用安全设施。

8.3.3 带式输送机运输

8.3.3.1 带式输送机运输说明应包括下列内容：
——系统功能、类型、数量及总体布置；
——带式输送机的主要参数和主要计算过程；
——输送带安全系数、驱动方式、拉紧方式及带式输送机启停控制方式等。

8.3.3.2 带式输送机布置在巷道内时，应说明巷道穿越地层的工程及水文地质条件、断面布置、支护方式、安全间隙、通风、排水及消防设置情况。

8.3.3.3 设计应说明带式输送机系统机电安全保护装置，带式输送机系统的联锁控制、运行监控保护系统等设置情况。

8.3.3.4 带式输送机主运输系统应实现集中控制、可视化监控。

8.3.3.5 带式输送机主运输系统宜实现自动启停控制，系统运行状态分析，各监测参数诊断、预警与保护等，现场无人值守。

8.3.3.6 当分期建设时应说明各分期设计范围及各分期的基建内容。

8.3.3.7 依据现行的规程和标准应说明利旧工程的符合性。

8.3.3.8 总结概述本节专用安全设施内容时，应列表汇总本节专用安全设施。

8.3.4 架空索道运输

8.3.4.1 架空索道运输说明应包括下列内容：
——设计采用的索道形式、运输物料、设计能力、线路布置、长度与高差、支架数量与高度、跨距等；
——索道货车规格与参数、数量、有效装载量、运行速度、间隔距离、装卸载方式与设备。

8.3.4.2 当分期建设时应说明各分期设计范围及各分期的基建内容。

8.3.4.3 总结概述本节专用安全设施内容时，应列表汇总本节专用安全设施。

8.3.5 斜坡提升运输

8.3.5.1 斜坡提升运输说明应包括下列内容：
　　——系统功能、类型（箕斗、台车、矿车、串车提升）、数量及总体布置；
　　——提升容器、钢丝绳、提升机、电机等主要参数。

8.3.5.2 设计应说明提升机制动系统、控制系统及其主要功能，提升系统联锁控制、运行监控保护系统等。

8.3.5.3 主要提升系统应实现集中控制、可视化监控。

8.3.5.4 当分期建设时应说明各分期设计范围及各分期的基建内容。

8.3.5.5 依据现行的规程和标准应说明利旧工程的符合性。

8.3.5.6 总结概述本节专用安全设施内容时，应列表汇总本节专用安全设施。

8.3.6 溜井及破碎系统

8.3.6.1 溜井及破碎系统说明应包括下列内容：
　　——溜井及破碎系统组成和配置情况；
　　——破碎站设置形式（固定、半移动、移动）与数量，破碎站的给料设备、破碎设备主要参数；
　　——溜井底放矿硐室安全通道、通风设施、井口安全挡车设施、格筛设置情况。

8.3.6.2 设计应说明溜井及破碎系统、运输系统联锁控制情况。

8.3.6.3 溜井及破碎系统宜实现远程控制、可视化监控。

8.3.6.4 当分期建设时应说明各分期设计范围及各分期的基建内容。

8.3.6.5 总结概述本节专用安全设施内容时，应列表汇总本节专用安全设施。

8.4 特殊开采条件下的安全措施

8.4.1 对于高温、高寒、高海拔、多雨、冻融条件的矿床及有老窿、采空区、塌陷区、溶洞等特殊条件的矿床，应说明采取的安全对策措施，并应分析露天开采的安全可靠性。

8.4.2 地下开采改为露天开采时，应说明对地下巷道和采空区的处理方法、对塌陷区及影响范围内采取的安全对策措施，并应分析其安全可靠性。

8.4.3 露天与地下同时开采时，应说明露天采场边坡角、露天采场与地下各采区的位置关系、开采顺序、爆破作业及避免其相互影响采取的安全对策措施，并应分析其安全可靠性。

8.4.4 总结概述本节专用安全设施内容时，应列表汇总本节专用安全设施。

8.5 矿山基建进度计划

8.5.1 设计应说明基建工程内容、工程量和工期。

8.5.2 当分期建设时应说明各分期的基建工程内容、工程量和工期。

8.6 供配电安全设施

8.6.1 当分期建设时应说明各分期供配电安全设施设计范围及各分期的基建内容。

8.6.2 电源、用电负荷及供配电系统说明应包括下列内容：

——向矿山供电的地区变配电站设施及供电电压、可供容量、距
离，供电线路截面、长度、回路数、负载能力；

——矿山的总负荷和露天采矿负荷；

——矿山主变电所的地理位置、所址防洪设计高度、变电所布置
和主接线型式，以及主变压器容量、台数选择等；

——矿山总降压变电所供电系统接线，矿山供配电系统安全可靠
性分析，正常及事故情况下的运行方式。

——高、低压供配电系统中性点接地方式；

——露天采场供配电系统的各级配电电压等级。

8.6.3 电气设备、电缆选择校验及保护措施说明应包括下列内容：

——短路电流计算结果及供配电装置、主要电力元器件、电力电
缆等高压设备的校验结果；

——露天采场各用电设备和配电线路的继电保护装置设置情况和
保护配置；

——地面直流牵引变电所电气保护设施、直流牵引网络安全
措施；

——牵引变电所接地设施；

——向露天采场供电的线路截面、回路数以及电缆型号；

——地表架空线转电缆处防雷设施；

——露天采场高、低压供配电设备类型和高、低压电缆类型。

8.6.4 电气安全保护措施说明应包括下列内容：

——保护接地及等电位联接设施、采场低压配电系统故障防护
措施；

——裸带电体基本防护设施；

——爆炸危险场所电机车轨道电气的安全措施；

——露天采场照明设施及变配电设施应急照明设施；

——地面建筑物防雷设施。

8.6.5 设计应说明采场排水系统的供配电系统情况。

8.6.6 智能供配电系统说明应包括下列内容：

——智能供配电监控系统对供配电系统内各级配电电压的设备的监测和控制；

——智能供配电监控系统的层级及网架架构、各层级及网络主要设备；

——智能供配电监控系统的配套软件组成；

——通过应用智能供配电监控系统，在供配电系统中实现智能诊断、智能配电、智能调节的情况。

8.6.7 总结概述本节专用安全设施内容时，应列表汇总本节专用安全设施。

8.7 智能矿山及专项安全保障系统

8.7.1 智能矿山

8.7.1.1 鼓励建设智能化矿山，提升矿山本质安全。

8.7.1.2 智能矿山的设计情况说明应包括智能矿山的设计原则、范围和内容，智能矿山实施计划和实施效果。

8.7.1.3 矿山应建设安全管理信息平台，说明应包括下列内容：

——矿山发生灾害时，快速、及时调用各系统的综合信息为安全避险和抢险救护提供决策支持情况；

——项目安全危害因素的事前预警情况。

8.7.2 矿山专项安全保障系统

8.7.2.1 矿山应建立通信联络和监测监控系统。

8.7.2.2 当分期建设时应说明各分期设计范围及各分期的基建工程内容。

8.7.2.3 通信联络系统说明应包括下列内容：

——通信种类、通信系统的设置、通信设备布置、运输道路信号系统的设备布置、电缆敷设、设备防护等，及其安全可靠性分析；

——总结概述本节专用安全设施内容，并应列表汇总本节专用安全设施。

8.7.2.4 监测监控系统说明应包括下列内容：

——露天边坡、排土场边坡及截排水系统安全相关的监测系统；

——根据边坡安全监测等级划分，说明边坡变形、采动应力、爆破振动、水文气象、水位与流量及场内视频的监测情况；

——高度超过 200 m 的露天边坡建立的边坡在线监测系统，及边坡重点监测位置及监测点布置图；

——建立的排土场稳定性监测制度，边坡高度超过 200 m 时的边坡稳定在线监测系统及防止发生泥石流和滑坡的措施；

——总结概述本节专用安全设施内容，并应列表汇总本节专用安全设施。

8.8 排土场（废石场）

8.8.1 排土场（废石场）部分说明应包括下列内容：

——周边设施与环境条件，排土场选址与勘察、排土场容积、等级、安全防护距离、排土场防洪及对应的安全对策措施；

——排土工艺、服务年限、排岩计划、设备选择等；

——运输道路、台阶高度、总堆置高度、平台宽度、总边坡角等设计参数。

8.8.2 排土场（废石场）安全稳定性计算分析应考虑不同的堆积状态条件，并应对参数选取、资料的可靠性等方面进行说明。

8.8.3 根据排土工艺和安全稳定性提出的安全对策措施可包括地基处理、截（排）水设施、底部防渗设施、滚石或泥石流拦挡设施、坍塌与沉陷防治措施和边坡监测、照明、道路护栏、挡车设施等。

8.8.4 不设排土场（废石场）时，应说明废石去向。

8.8.5 当分期建设时应说明各分期设计范围及各分期的基建内容。

8.8.6 总结概述本节专用安全设施内容时，应列表汇总本节专用安全设施。

8.9 总平面布置

8.9.1 露天开采的保护与监测措施

8.9.1.1 采用露天开采的矿山，应计算说明工业场地内建（构）筑物与爆破危险区界线安全距离；开采爆破影响地表设施时，应说明采取的相关安全保护与监测措施。

8.9.1.2 当分期建设时应说明各分期设计范围及各分期的基建内容。

8.9.1.3 总结概述本节专用安全设施内容时，应列表汇总本节专用安全设施。

8.9.2 工业场地安全设施

8.9.2.1 工业场地的安全性应根据矿区场地勘探报告、地形地貌、自然条件、周边环境、地质灾害影响、地表水系、当地历史最高洪水位等方面进行分析；当地表设施受到相关潜在威胁时，应说明为消除这种威胁设计采取的有效措施。

8.9.2.2 当工业场地周边存在边坡时，应说明边坡参数、工程地质勘查情况和边坡的安全加固措施。

8.9.2.3 根据项目需要应说明为保证露天开采和工业场地安全设计的河流改道及河床加固（含导流堤、明沟、隧洞、桥涵等）、地表截排水（地表截水沟、排洪沟/渠、拦水坝、台阶排水沟、截排水隧洞等）等工程设施。

8.9.2.4 当分期建设时应说明各分期设计范围及各分期的基建内容。

8.9.2.5 总结概述本节专用安全设施内容时，应列表汇总本节专用安全设施。

8.9.3 建（构）筑物防火

8.9.3.1 建（构）筑物防火部分应说明工业场地内各建筑物的火灾危险性、耐火等级、防火距离、厂区内消防通道和消防用水水量、水压、消防水池、供水泵站及供水管路设置情况等。

8.9.3.2 总结概述本节专用安全设施内容时，应列表汇总本节专用安全设施。

8.10 个人安全防护

8.10.1 设计应说明矿山为员工配备的个人防护用品的规格和数量。

8.10.2 总结概述本节专用安全设施内容时，应列表汇总本节专用安全设施。

8.11 安全标志

8.11.1 设计应说明矿山在各生产地点设置的矿山、交通、电气等安全标志情况。

8.11.2 总结概述本节专用安全设施内容时，应列表汇总本节专用安全设施。

9 安全管理和专用安全设施投资

9.1 安全管理

安全管理部分说明应包括下列内容：
——对矿山安全生产管理机构设置、部门职能、人员配备的建议及矿山安全教育和培训的基本要求，并应列出劳动定员表；

——矿山应设置的专职救护队或兼职救护队的人员组成及技术装备；

——矿山应制定的针对各种危险事故的应急救援预案。

9.2 专用安全设施投资

根据《金属非金属矿山建设项目安全设施目录（试行）》（国家安全监管总局令第75号）的规定，应对本项目设计的全部专用安全设施的投资进行列表汇总，相关内容见表2。

表2 专用安全设施投资表

序号	名　称	描　述	投资万元	说　明
1	露天采场所设的边界围栏	列出本项工程专用安全设施的内容名称，下同		
2	铁路运输			
3	汽车运输			
4	带式输送机运输			有多条时应分别列出
5	架空索道运输			有多条时应分别列出
6	斜坡卷扬运输			有多条时应分别列出
7	破碎站			有多个时应分别列出
8	排土场（废石场）			有多个时应分别列出
9	供、配电设施			
10	监测设施			
11	为防治水而设置的水位和流量监测系统			
12	矿山应急救援器材及设备			
13	个人安全防护用品			
14	矿山、交通、电气安全标志			
15	其他设施			

10 存在的问题和建议

设计应提出设计单位能够预见的在项目实施过程中或投产后，可能存在并需要矿山解决或需要引起重视的安全问题及解决建议。

设计应提出基础资料影响安全设施设计的问题及解决建议。

设计应提出在智能矿山建设方面应开展的相关工作的建议。

11 附件与附图

11.1 附件

安全设施设计依据的相关文件应包括采矿许可证的复印件或扫描件。

11.2 附图

附图应采用原始图幅；图中的字体、线条和各种标记应清晰可读，签字齐全；宜采用彩图；附图应包括以下图纸（可根据实际情况调整，但应涵盖以下图纸的内容）：

——矿山地形地质图；

——矿山地质剖面图（应反映典型矿体形态，数量不少于2张）；

——矿区总平面布置图；

——采场边坡工程平面及剖面图；

——露天开采基建终了图；

——露天开采最终境界图；

——露天边坡监测系统布置图（若有）；

——排土场终了图；

——排土场工程平面及剖面图；

——截排水工程平面布置图；

——全矿（含露天）供电系统图。

附 录 A

（资料性）

金属非金属露天矿山建设项目安全设施设计编写目录

A.1 设计依据

A.1.1 项目依据的批准文件和相关的合法证明文件

A.1.2 设计依据的安全生产法律、法规、规章和规范性文件

A.1.3 设计采用的主要技术标准

A.1.4 其他设计依据

A.2 工程概述

A.2.1 矿山概况

A.2.2 矿区地质及开采技术条件

A.2.2.1 矿区地质

A.2.2.2 水文地质条件

A.2.2.3 工程地质条件

A.2.2.4 环境地质条件

A.2.2.5 矿床资源

A.2.3 矿山开采现状

A.2.4 周边环境

A.2.5 工程设计概况及利旧工程

A.3 本项目安全预评价报告建议采纳及前期开展的科研情况

A.3.1 安全预评价报告提出的对策措施与采纳情况

A.3.2 本项目前期开展的安全生产方面科研情况

A.4 矿山开采主要安全风险分析

A.4.1 矿区地质及开采技术条件对矿床开采主要安全风险分析

A.4.2 特殊条件下的主要安全风险分析

A.4.3 周边环境对矿床开采主要安全风险分析

A.4.4 其他

A.5 安全设施设计

A.5.1 露天采场

A.5.2 采场防排水及供水系统安全设施

A.5.3 矿岩运输系统安全设施

A.5.3.1 铁路运输

A.5.3.2 汽车运输

A.5.3.3 带式输送机运输

A.5.3.4 架空索道运输

A.5.3.5 斜坡提升运输

A.5.3.6 溜井及破碎系统

A.5.4 特殊开采条件下的安全措施

A.5.5 矿山基建进度计划

A.5.6 供配电安全设施

A.5.6.1 电源、用电负荷及供配电系统

A.5.6.2 电气设备、电缆及保护

A.5.6.3 电气安全保护措施

A.5.6.4 采场排水系统的供配电系统

A.5.6.5 智能供配电系统

A.5.6.6 专用安全设施

A.5.7 智能矿山及专项安全保障系统

A.5.7.1 智能矿山

附录三　第3部分：金属非金属矿山建设项目安全设施重大变更设计编写提纲

1　范围

本文件规定了金属非金属矿山建设项目安全设施设计编写提纲的术语和定义、设计依据、工程概述、安全设施变更内容、前期开展的科研情况、安全设施重大变更设计、存在的问题及建议、附件与附图。

本文件适用于金属非金属矿山建设项目安全设施重大变更设计，章节结构应按附录A编制。

2　规范性引用文件

下列文件中的内容通过文中的规范性引用而构成本文件必不可少的条款。其中，注日期的引用文件，仅该日期对应的版本适用于本文件；不注日期的引用文件，其最新版本（包括所有的修改单）适用于本文件。

KA/T 20.1—2024　非煤矿山建设项目安全设施设计编写提纲　第1部分：金属非金属地下矿山建设项目安全设施设计编写提纲

KA/T 20.2—2024　非煤矿山建设项目安全设施设计编写提纲　第2部分：金属非金属露天矿山建设项目安全设施设计编写提纲

3 术语和定义

下列术语和定义适用于本文件。

3.1

非煤矿山 non-coal mine

金属非金属地下矿山、金属非金属露天矿山和尾矿库的统称。

3.2

金属非金属露天矿山 metal and nonmetal opencast mines

在地表通过剥离围岩、表土或砾石，采出金属或非金属矿物的采矿场及其附属设施。

3.3

金属非金属地下矿山 metal and nonmetal underground mines

以平硐、斜井、斜坡道、竖井等作为出入口，深入地表以下，采出金属或非金属矿物的采矿场及其附属设施。

3.4

重大变更 major changes

与原设计相比，基本安全设施发生重大变化。金属非金属矿山的重大变更事项应按照《非煤矿山建设项目安全设施重大变更范围》的要求执行。

4 设计依据

4.1 建设项目依据的批准文件和相关的合法证明文件

4.1.1 建设项目安全设施设计中应列出采矿许可证。

4.1.2 对于建设项目，应列出安全设施设计审查意见书。

4.1.3 对于生产项目，应列出安全设施设计审查意见书、安全设验收意见书和安全生产许可证。

4.2 设计依据的安全生产法律、法规、规章和规范性文件

4.2.1 设计依据中应列出设计变更依据的有关安全生产的法律、法规、规章和规范性文件。

4.2.2 国家法律、行政法规、地方性法规、部门规章、地方政府规章、国家和地方规范性文件等应分层次列出，并标注其文号及施行日期，每个层次内应按照发布时间顺序列出。

4.2.3 依据的文件应现行有效。

4.3 设计采用的主要技术标准

4.3.1 设计中应列出设计变更采用的技术性标准。

4.3.2 国家标准、行业标准和地方标准应分层次列出，标注标准代号；每个层次内应按照标准发布时间顺序排列。

4.3.3 采用的标准应现行有效。

4.4 其他设计依据

其他设计依据中应列出设计变更依据的安全设施设计报告及设计单位、安全设施设计变更依据的相关地质报告、相关的工程地质勘察报告、试验报告、研究成果及安全论证报告等，标注报告编制单位和编制时间，尚应在附件中列出报告结论及专家评审意见等内容。

5 工程概述

5.1 矿山概况

5.1.1 企业概况应简述建设单位简介、隶属关系、历史沿革等。

5.1.2 矿山概况内容应包括矿区自然概况（包括矿区的气候特征、

地形条件、区域经济地理概况、地震资料、历史最高洪水位等），矿山交通位置（给出交通位置图），周边环境，采矿权位置坐标、面积、开采标高、开采矿种、开采规模等。

5.2 原安全设施设计主要内容

简述原安全设施设计主要内容。

5.3 矿山现状

对于建设项目，应简述矿山建设现状；对于生产矿山，应简述矿山生产现状。

6 安全设施变更内容

6.1 安全设施变更内容

说明安全设施变更的内容，并逐项说明变更的原因，例如工程地质条件、水文地质条件、资源条件、外部原因及企业内部决策发生变化等。

6.2 安全设施重大变更内容

对照《非煤矿山建设项目安全设施重大变更范围》，逐项说明安全设施重大变更的内容。

7 前期开展的科研情况

说明前期开展与安全设施重大变更相关的科研工作及成果，以及有关科研成果在安全设施重大变更设计中的应用情况。

8　安全设施重大变更设计

参照《非煤矿山建设项目安全设施设计编写提纲　第1部分：金属非金属地下矿山建设项目安全设施设计编写提纲》（KA/T 20.1—2024）或《非煤矿山建设项目安全设施设计编写提纲　第2部分：金属非金属露天矿山建设项目安全设施设计编写提纲》（KA/T 20.2—2024）中相关内容要求，编写本次安全设施重大变更部分的安全设施设计。

9　存在的问题及建议

设计应提出能够预见的在安全设施重大变更实施过程中或投产后，可能存在并需要矿山解决或需要引起重视的安全问题及解决建议。

设计应提出设计基础资料影响安全设施重大变更的问题及解决建议。

10　附件与附图

10.1　附件

安全设施设计依据的相关文件应包括：采矿许可证的复印件或扫描件；建设项目的安全设施设计审查意见书的复印件或扫描件；生产项目的安全设施设计审查意见书、安全设施竣工验收意见书和安全生产许可证的复印件或扫描件。

10.2　附图

附图应采用原始图幅，图中的字体、线条和各种标记应清晰可读，签字齐全，宜采用彩图。设计文件应参照《非煤矿山建设项目安全设施设计编写提纲 第1部分：金属非金属地下矿山建设项目安全设施设计编写提纲》（KA/T 20.1—2024）或《非煤矿山建设项目安全设施设计编写提纲 第2部分：金属非金属露天矿山建设项目安全设施设计编写提纲》（KA/T 20.2—2024）的要求，对安全设施重大变更引起变化的图纸进行变更设计。

附 录 A

（资料性）

金属非金属矿山建设项目安全设施重大变更设计编写目录

A.1 设计依据

A.1.1 建设项目依据的批准文件和相关的合法证明文件

A.1.2 设计依据的安全生产法律、法规、规章和规范性文件

A.1.3 设计采用的主要技术标准

A.1.4 其他设计依据

A.2 工程概述

A.2.1 矿山概况

A.2.2 原安全设施设计主要内容

A.2.3 矿山现状

A.3 安全设施变更内容

A.3.1 安全设施变更内容

A.3.2 安全设施重大变更内容

A.4 前期开展的科研情况

A.5 安全设施重大变更设计

A.6 存在的问题和建议

A.7　附件与附图

A.7.1　附件
A.7.2　附图

附录四　金属非金属矿山建设项目安全设施目录（试行）

国家安全生产监督管理总局令　第 75 号

《金属非金属矿山建设项目安全设施目录（试行）》已经 2015 年 1 月 30 日国家安全生产监督管理总局局长办公会议审议通过，现予公布，自 2015 年 7 月 1 日起施行。

2015 年 3 月 16 日

金属非金属矿山建设项目安全设施目录（试行）（节选）

一、总则

（一）安全设施目录适用范围。

1. 为规范和指导金属非金属矿山（以下简称矿山）建设项目安全设施设计、设计审查和竣工验收工作，根据《中华人民共和国安全生产法》和《中华人民共和国矿山安全法》，制定本目录。

2. 矿山采矿和尾矿库建设项目安全设施适用本目录。与煤共（伴）生的矿山建设项目安全设施，还应满足煤矿相关的规程和规范。

核工业矿山尾矿库建设项目安全设施不适用本目录。

3. 本目录中列出的安全设施不是所有矿山都必须设置的，矿山企业应根据生产工艺流程、相关安全标准和规定，结合矿山实际情况设置相关安全设施。

（二）安全设施有关定义。

1. 矿山主体工程。

矿山主体工程是矿山企业为了满足生产工艺流程正常运转，实现矿山正常生产活动所必须具备的工程。

2. 矿山安全设施。

矿山安全设施是矿山企业为了预防生产安全事故而设置的设备、设施、装置、构（建）筑物和其他技术措施的总称，为矿山生产服务、保证安全生产的保护性设施。安全设施既有依附于主体工程的形式，也有独立于主体工程之外的形式。本目录将矿山建设项目安全设施分为基本安全设施和专用安全设施两部分。

3. 基本安全设施。

基本安全设施是依附于主体工程而存在，属于主体工程一部分的安全设施。基本安全设施是矿山安全的基本保证。

4. 专用安全设施。

专用安全设施是指除基本安全设施以外的，以相对独立于主体工程之外的形式而存在，不具备生产功能，专用于安全保护作用的安全设施。

（三）安全设施划分原则。

1. 依附于主体工程，且对矿山的安全至关重要，能够为矿山提供基本性安全保护作用的设备、设施、装置、构（建）筑物和其他技术措施，列为基本安全设施。

2. 相对独立存在且不具备生产功能，只为保护人员安全，防止造成人员伤亡而专门设置的保护性设备、设施、装置、构（建）筑物和其他技术措施，列为专用安全设施。

3. 保安矿柱作为矿山开采安全中的重要技术措施列入基本安全设施。

244

4. 主体设备自带的安全装置，不列入本目录。

5. 为保持工作场所的工作环境，保护作业人员职业健康的设施，属于职业卫生范畴，不列入本目录。

6. 地面总降压变电所不列入本目录。

7. 井下爆破器材库按照《民用爆破物品安全管理条例》（国务院令第 466 号）等法规、标准的规定进行设计、建设、使用和监管，不列入本目录。

8. 在矿山建设期，仅专用安全设施建设费用可列入建设项目安全投资；在矿山生产期，补充、改善基本安全设施和专用安全设施的投资都可在企业安全生产费用中列支。

二、地下矿山建设项目安全设施目录

（一）基本安全设施。

1. 安全出口。

（1）通地表的安全出口，包括由明井（巷）和盲井（巷）组合形成的通地表的安全出口。

（2）中段和分段的安全出口。

（3）采场的安全出口。

（4）破碎站、装矿皮带道和粉矿回收水平的安全出口。

2. 安全通道和独立回风道。

（1）动力油硐室的独立回风道。

（2）爆破器材库的独立回风道。

（3）主水泵房的安全通道。

（4）破碎硐室、变（配）电硐室的安全通道或独立回风道。

（5）主溜井的安全检查通道。

3. 人行道和缓坡段。

（1）各类巷道（含平巷、斜巷、斜井、斜坡道等）的人行道。

（2）斜坡道的缓坡段。

4. 支护。

（1）井筒支护。

（2）巷道（含平巷、斜巷、斜井、斜坡道等）支护。

（3）采场支护（包括采场顶板和侧帮、底部结构等的支护）。

（4）硐室支护。

5．保安矿柱。

（1）境界矿柱。

（2）井筒保安矿柱。

（3）中段（分段）保安矿柱。

（4）采场点柱、保安间柱等。

6．防治水。

（1）河流改道工程（含导流堤、明沟、隧洞、桥涵等）及河床加固。

（2）地表截水沟、排洪沟（渠）、防洪堤。

（3）地下水疏/堵工程及设施（含疏干井、放水孔、疏干巷道、防水闸门、水仓、疏干设备、防水矿柱、防渗帷幕及截渗墙等）。

（4）露天开采转地下开采的矿山露天坑底防洪水突然灌入井下的设施（包括露天坑底所做的假底、坑底回填等）。

（5）热水充水矿床的疏水系统。

7．竖井提升系统。

（1）提升装置，包括制动系统、控制系统、闭锁装置等。

（2）钢丝绳（包括提升钢丝绳、平衡钢丝绳、罐道钢丝绳、制动钢丝绳、隔离钢丝绳）及其连接或固定装置。

（3）罐道，包括木罐道、型钢罐道、钢轨罐道、钢木复合罐道等。

（4）提升容器。

（5）摇台或其他承接装置。

8．斜井提升系统。

（1）提升装置，包括制动系统、控制系统。

（2）提升钢丝绳及其连接装置。

（3）提升容器（含箕斗、矿车和人车）。

9. 电梯井提升系统（包括钢丝绳、罐道、轿厢、控制系统等）。

10. 带式输送机系统的各种闭锁和机械、电气保护装置。

11. 排水系统。

（1）主水仓、井底水仓、接力排水水仓。

（2）主水泵房、接力泵房、各种排水水泵、排水管路、控制系统。

（3）排水沟。

12. 通风系统。

（1）专用进风井及专用进风巷道。

（2）专用回风井及专用回风巷道。

（3）主通风机、控制系统。

13. 供、配电设施。

（1）矿山供电电源、线路及总降压主变压器容量、地表向井下供电电缆。

（2）井下各级配电电压等级。

（3）电气设备类型。

（4）高、低压供配电中性点接地方式。

（5）高、低压电缆。

（6）提升系统、通风系统、排水系统的供配电设施。

（7）地表架空线转下井电缆处防雷设施。

（8）高压供配电系统继电保护装置。

（9）低压配电系统故障（间接接触）防护装置。

（10）直流牵引变电所电气保护设施、直流牵引网络安全措施。

（11）爆炸危险场所电机车轨道电气的安全措施。

（12）设有带油设备的电气硐室的安全措施。

（13）照明设施。

（14）工业场地边坡的安全加固及防护措施。

（二）专用安全设施。

1. 罐笼提升系统。

（1）梯子间及安全护栏。

（2）井口和井下马头门的安全门、阻车器和安全护栏。

（3）尾绳隔离保护设施。

（4）防过卷、防过放、防坠设施。

（5）钢丝绳罐道时各中段的稳罐装置。

（6）提升机房内的盖板、梯子和安全护栏。

（7）井口门禁系统。

2. 箕斗提升系统。

（1）井口、装载站、卸载站等处的安全护栏。

（2）尾绳隔离保护设施。

（3）防过卷、防过放设施。

（4）提升机房内的盖板、梯子和安全护栏。

3. 混合竖井提升系统。

（1）罐笼提升系统安全设施（见罐笼提升系统）。

（2）箕斗提升系统安全设施（见箕斗提升系统）。

（3）混合井筒中的安全隔离设施。

4. 斜井提升系统。

（1）防跑车装置。

（2）井口和井下马头门的安全门、阻车器、安全护栏和挡车设施。

（3）人行道与轨道之间的安全隔离设施。

（4）梯子和扶手。

（5）躲避硐室。

（6）人车断绳保险器。

（7）轨道防滑措施。

（8）提升机房内的安全护栏和梯子。

（9）井口门禁系统。

5. 斜坡道与无轨运输巷道。

（1）躲避硐室。

（2）卸载硐室的安全挡车设施、护栏。

（3）人行巷道的水沟盖板。

（4）交通信号系统。

（5）井口门禁系统。

6. 带式输送机系统。

（1）设备的安全护罩。

（2）安全护栏。

（3）梯子、扶手。

7. 电梯井提升系统。

（1）梯子间及安全护栏。

（2）电梯间和梯子间进口的安全防护网。

8. 有轨运输系统。

（1）装载站和卸载站的安全护栏。

（2）人行巷道的水沟盖板。

9. 动力油储存硐室。

（1）硐室口的防火门。

（2）栅栏门。

（3）防静电措施。

（4）防爆照明设施。

10. 破碎硐室。

（1）设备护罩、梯子和安全护栏。

（2）自卸车卸矿点的安全挡车设施。

11. 采场。

（1）采空区及其他危险区域的探测、封闭、隔离或充填设施。

（2）地下原地浸出采矿和原地爆破浸出采矿的防渗工程及对溶液渗透的监测系统。

（3）原地浸出采矿引起地表塌陷、滑坡的防护及治理措施。

（4）自动化作业采区的安全门。

（5）爆破安全设施（含警示旗、报警器、警戒带等）。

（6）工作面人机隔离设施。

12．人行天井与溜井。

（1）梯子间及防护网、隔离栅栏。

（2）井口安全护栏。

（3）废弃井口的封闭或隔离设施。

（4）溜井井口安全挡车设施。

（5）溜井口格筛。

13．供、配电设施。

（1）避灾硐室应急供电设施。

（2）裸带电体基本（直接接触）防护设施。

（3）变配电硐室防水门、防火门、栅栏门。

（4）保护接地及等电位联接设施。

（5）牵引变电所接地设施。

（6）变配电硐室应急照明设施。

（7）地面建筑物防雷设施。

14．通风和空气预热及制冷降温。

（1）主通风机的反风设施和备用电机及快速更换装置。

（2）辅助通风机。

（3）局部通风机。

（4）风机进风口的安全护栏和防护网。

（5）阻燃风筒。

（6）通风构筑物（含风门、风墙、风窗、风桥等）。

（7）风井内的梯子间。

（8）风井井口和马头门处的安全护栏。

（9）严寒地区，通地表的井口（如罐笼井、箕斗井、混合井和斜提升井等）设置的防冻设施；用于进风的井口和巷道硐口（如专用进风井、专用进风平硐、专用进风斜井、罐笼井、混合井、斜提升井、胶带斜井、斜坡道、运输巷道等）设置的空气预热设施。

（10）地下高温矿山制冷降温设施，包括地表制冷站设施、地下制冷站设施、管路及分配设施等。

15. 排水系统。

（1）监测与控制设施。

（2）水泵房及毗连的变电所（或中央变电所）入口的防水门及两者之间的防火门。

（3）水泵房及变电所内的盖板、安全护栏（门）。

16. 充填系统。

（1）充填管路减压设施。

（2）充填管路压力监测装置。

（3）充填管路排气设施。

（4）充填搅拌站内及井下的安全护栏及其他防护措施（包括物料输送机和其他相关设备、砂浆池、砂仓等的安全护栏及其他防护措施）。

（5）充填系统事故池。

（6）采场充填挡墙。

17. 地压、岩体位移监测系统。

（1）地表变形、塌陷监测系统。

（2）坑内应力、应变监测系统。

18. 安全避险"六大系统"。

（1）监测监控系统。

（2）人员定位系统。

（3）紧急避险系统。

（4）压风自救系统。

（5）供水施救系统。

（6）通信联络系统。

19. 消防系统。

（1）消防供水系统。

（2）消防水池。

（3）消防器材。

（4）火灾报警系统。

（5）防火门（除前面所述之外的防火门）。

（6）有自然发火倾向区域的防火隔离设施。

20. 防治水。

（1）中段（分段）或采区的防水门。

（2）地下水头（水位）、水质、中段涌水量监测设施。

（3）探水孔、放水孔及探放水巷道，探、放水孔的孔口管和控制闸阀，探、放水设备。

（4）降雨量观测站。

（5）在有突水可能性的工作面设置的救生圈、安全绳等救生设施。

21. 崩落法、空场法开采时的地表塌陷或移动范围保护措施。

22. 水溶性开采。

（1）有毒有害气体积聚处（井口、卤池、取样阀等）采取的防毒措施。

（2）井口的防喷装置。

（3）排水和防止液体渗漏的设施。

（4）地面防滑措施。

（5）井盐矿山设立的地表水和地下水水质监测系统。

（6）地表沉降和位移的监测设施。

（7）不用的地质勘探井和生产报废井的封井措施。

23. 矿山应急救援设备及器材。

24. 个人安全防护用品。

25. 矿山、交通、电气安全标志。

26. 其他设施。

（1）排土场（或废石场）安全设施参见露天矿山相关内容。

（2）放射性矿山的防护措施。

（3）地下原地浸出采矿：监测井（孔）、套管、气体站安全护栏、集液池、酸液池及二次缓冲池安全护栏、事故处理池和管路。

三、露天矿山建设项目安全设施目录

（一）基本安全设施。

1. 露天采场。

（1）安全平台、清扫平台、运输平台。

（2）运输道路的缓坡段。

（3）露天采场边坡、道路边坡、破碎站和工业场地边坡的安全加固及防护措施。

（4）溜井底放矿硐室的安全通道及井口的安全挡车设施、格筛。

（5）设计规定保留的矿（岩）体或矿段。

（6）边坡角。

（7）爆破安全距离界线。

2. 防排水。

（1）河流改道工程（含导流堤、明沟、隧洞、桥涵等）及河床加固。

（2）地表截水沟、排洪沟（渠）、防洪堤、拦水坝、台阶排水沟、截排水隧洞、沉砂池、消能池（坝）。

（3）地下水疏/堵工程及设施（含疏干井、放水孔、疏干巷道、防水闸门、水仓、疏干设备、防水矿柱、防渗帷幕及截渗墙等）。

（4）露天采场排水设施，包括水泵和管路。

3. 铁路运输。

（1）运输线路的安全线、避让线、制动检查所、线路两侧的界限架。

（2）护轮轨、防溜车措施、减速器、阻车器。

4. 带式输送机系统的各种闭锁和电气保护装置。

5. 架空索道运输。

（1）架空索道的承载钢丝绳和牵引钢丝绳。

（2）架空索道的制动系统。

（3）架空索道的控制系统。

6. 斜坡卷扬运输。

（1）提升装置，包括制动系统、控制系统。

（2）提升钢丝绳及其连接装置。

（3）提升容器（包括箕斗、矿车和人车）。

7. 供、配电设施。

（1）矿山供电电源、线路及总降压主变压器容量、向采矿场供电线路。

（2）各级配电电压等级。

（3）电气设备类型。

（4）高、低压供配电中性点接地方式。

（5）排水系统供配电设施。

（6）采矿场供电线路、电缆及保护、避雷设施。

（7）高压供配电系统继电保护装置。

（8）低压配电系统故障（间接接触）防护装置。

（9）直流牵引变电所的电气保护设施、直流牵引网络的安全措施。

（10）爆炸危险场所电机车轨道的电气安全措施。

（11）变、配电室的金属丝网门。

（12）采场及排土场（废石场）正常照明设施。

8. 排土场（废石场）。

（1）安全平台。

（2）运输道路缓坡段。

（3）拦渣坝。

（4）阶段高度、总堆置高度、安全平台宽度、总边坡角。

9．通信系统。

（1）联络通信系统。

（2）信号系统。

（3）监视监控系统。

（二）专用安全设施。

1．露天采场。

（1）露天采场所设的边界安全护栏。

（2）废弃巷道、采空区和溶洞的探测设备，充填、封堵措施或隔离设施。

（3）溜井口的安全护栏、挡车设施、格筛。

（4）爆破安全设施（含躲避设施、警示旗、报警器、警戒带等）。

（5）水力开采运矿沟槽上的盖板或金属网。

（6）挖掘船上的救护设备。

（7）挖掘船开采时，作业人员穿戴的救生器材。

2．铁路运输。

（1）运输线路的安全护栏、防护网、挡车设施、道口护栏。

（2）道路岔口交通警示报警设施。

（3）陡坡铁路运输时的线路防爬设施（含防爬器、抗滑桩等）。

（4）曲线轨道加固措施。

3．汽车运输。

（1）运输线路的安全护栏、挡车设施、错车道、避让道、紧急避险道、声光报警装置。

（2）矿、岩卸载点的安全挡车设施。

4. 带式输送机运输。

（1）设备的安全护罩。

（2）安全护栏。

（3）梯子、扶手。

5. 架空索道运输。

（1）线路经过厂区、居民区、铁路、道路时的安全防护措施。

（2）线路与电力、通讯架空线交叉时的安全防护措施。

（3）站房安全护栏。

6. 斜坡卷扬运输。

（1）阻车器、安全挡车设施。

（2）斜坡轨道两侧的堑沟、安全隔挡设施。

（3）防止跑车装置。

（4）防止钢轨及轨梁整体下滑的措施。

7. 破碎站。

（1）卸矿安全挡车设施。

（2）设备运动部分的护罩、安全护栏。

（3）安全护栏、盖板、扶手、防滑钢板。

8. 排土场（废石场）。

（1）排土场（废石场）道路的安全护栏、挡车设施。

（2）截（排）水设施（含截水沟、排水沟、排水隧洞、截洪坝等）。

（3）底部排渗设施。

（4）滚石或泥石流拦挡设施。

（5）滑坡治理措施。

（6）坍塌与沉陷防治措施。

（7）地基处理。

9. 供、配电设施。

（1）裸带电体基本（直接接触）防护设施。

（2）保护接地设施。

（3）直流牵引变电所接地设施。

（4）采场变、配电室应急照明设施。

（5）地面建筑物防雷设施。

10. 监测设施。

（1）采场边坡监测设施。

（2）排土场（废石场）边坡监测设施。

11. 为防治水而设的水位和流量监测系统。

12. 矿山应急救援器材及设备。

13. 个人安全防护用品。

14. 矿山、交通、电气安全标志。

15. 有井巷工程时其安全设施参见地下矿山相关内容。

附录五　非煤矿山建设项目安全设施重大变更范围

矿安〔2023〕147 号

各省、自治区、直辖市应急管理厅（局），新疆生产建设兵团应急管理局，有关中央企业：

为进一步加强非煤矿山建设项目安全设施设计源头管理，进一步规范安全设施重大变更后的设计审查工作，根据《建设项目安全设施"三同时"监督管理办法》（原国家安全监管总局令第 36 号）和《金属非金属矿山建设项目安全设施目录（试行）》（原国家安全监管总局令第 75 号），国家矿山安全监察局研究制定了《非煤矿山建设项目安全设施重大变更范围》，现印发给你们，请遵照执行。

非煤矿山企业在建设、生产期间发生《非煤矿山建设项目安全设施重大变更范围》规定的重大变更，原则上应当由原设计单位进行非煤矿山建设项目安全设施重大变更设计，并报原审批部门审查同意；未经审查同意的，不得开工建设。非煤矿山企业应当对建设、生产期间的重大变更工程组织安全设施竣工验收。

原国家安全监管总局印发的《金属非金属矿山建设项目安全设施设计重大变更范围》（安监总管一〔2016〕18 号）同时废止。

国家矿山安全监察局

2023 年 11 月 14 日

非煤矿山建设项目安全设施重大变更范围（节选）

一、金属非金属地下矿山

（一）开采范围、设计规模和开采顺序。

开采范围或设计规模发生变化，或上行开采和下行开采两类开采顺序之间发生改变，或者不同采区之间开采顺序发生改变，并导致下列情况之一的：

1. 提升运输系统的基本安全设施发生改变；

2. 通风系统的基本安全设施发生改变；

3. 排水系统的基本安全设施发生改变。

（二）采矿方法。

崩落法、空场法、充填法三大类采矿方法之间发生变化。

（三）开拓系统。

1. 竖井、斜井、斜坡道、平硐四类开拓方式之间发生改变。

2. 竖井开拓中箕斗、罐笼两类提升方式之间发生改变；斜井开拓中箕斗、串车、胶带三类提升方式之间发生改变；平硐开拓中有轨、无轨、胶带三类运输方式之间发生改变。

3. 作为主要安全出口的井筒位置发生变化，并导致工业场地的位置发生改变。

4. 竖井和斜井形式的主要安全出口由一段提升改为多段接力提升。

（四）通风系统。

1. 主要通风井井筒数量减少或井筒断面变小。

2. 主要通风机设备型号或数量发生变化，并导致总通风量减少。

（五）排水系统。

1. 一段排水与接力排水的方式发生变化。

2. 主要排水设备规格或数量发生变化，并导致排水能力变小。

（六）废石场。

1. 废石场的位置发生变化。

2. 废石场堆置高度变高。

3. 废石场堆置顺序发生变化。

4. 边坡角变陡。

（七）地表截、排洪系统。

地表塌陷区截洪或排洪系统的形式和位置发生变化，并导致截洪或排洪的能力变小。

（八）其他。

工程地质、水文地质或外部环境发生重大变化，并对矿山开采产生重大影响。

二、金属非金属露天矿山

（一）开采范围或设计规模。

开采范围或设计规模发生变化，并导致下列情况之一的：

1. 开拓运输方式发生改变；

2. 露天采场基本安全设施发生改变；

3. 排土场场址发生改变；

4. 截、排洪系统基本安全设施发生改变。

（二）开拓系统。

公路、铁路、胶带等开拓运输方式之间发生改变。

（三）露天采场。

1. 最终边坡角变陡。

2. 截、排洪系统基本安全设施发生改变。

（四）排土场。

1. 排土场的位置发生变化。

2. 排土场堆置高度变高。

3. 排土场堆置顺序发生变化。

4. 边坡角变陡。

（五）截、排洪系统。

露天采场或排土场地表截、排洪系统的形式和位置发生变化，并导致截洪或排洪的能力变小。

（六）其他。

工程地质、水文地质或外部环境发生重大变化，并对矿山开采产生重大影响。